遗传算法与机器学习编程

Genetic Algorithms and Machine Learning
for Programmers

[英] Frances Buontempo 著

梁启凡 译

华中科技大学出版社
http://press.hust.edu.cn
中国·武汉

图书在版编目(CIP)数据

遗传算法与机器学习编程 / (英) 弗朗西斯 · 布翁滕波 (Frances Buontempo) 著；梁启凡 译.
-- 武汉 : 华中科技大学出版社, 2022.12
ISBN 978-7-5680-8978-4

Ⅰ. ①遗… Ⅱ. ①弗… ②梁… Ⅲ. ①遗传－算法－研究②机器学习－研究 Ⅳ. ①TP18②TP181

中国版本图书馆CIP数据核字(2022)第238946号

湖北省版权局著作权合同登记　图字：17-2022-152号

书　　名　**遗传算法与机器学习编程**
　　　　　Yichuan Suanfa yu Jiqi Xuexi Biancheng
作　　者　[英] Frances Buontempo
译　　者　梁启凡

策划编辑　徐定翔
责任编辑　徐定翔
责任监印　周治超

出版发行　华中科技大学出版社（中国 · 武汉）
　　　　　武汉市东湖新技术开发区华工科技园（邮编430223 电话027-81321913）
录　　排　武汉东橙品牌策划设计有限公司
印　　刷　湖北新华印务有限公司
开　　本　787mm x 960mm　1/16
印　　张　15.75
字　　数　210千字
版　　次　2022年12月第1版第1次印刷
定　　价　82.90元

前言
Preface

不知道你有没有听说过一个说法——"编程逃出纸口袋"（译注：原文为 Coding your way out of a paper bag，way out of a paper bag 是俚语，用来比喻容易的事。这个短语常用于否定句，比如 someone is not able to code their way out of a paper bag，意思是有些人毫无编程经验。作者在这里将这个短语用作双关语，一来表示本书将帮助读者轻松掌握机器学习的概念与算法，二来作者确实在例子里用到了纸口袋）。本书将教你用各种机器学习算法帮助粒子、蚂蚁、蜜蜂，甚至乌龟逃离纸口袋。这个比喻听起来有点怪，但这种方式很适合演示算法。

读者对象
Who Is This Book For?

如果你是初学者或刚入门的程序员，想学习机器学习算法，那么这本书很适合你。你将学习遗传算法（genetic algorithm）、自然启发的粒子群算法（nature-inspired swarm）、蒙特卡洛模拟（Monte Carlo simulation）、元胞自动机（cellular automaton），还有聚类（cluster）。除此以外，你还将学习测试代码。

本书不是写给机器学习专家看的，书中内容对他们来说并不新鲜。

本书内容
What's in This Book?

阅读本书，你将学习：

- 运用启发式算法（heuristics）解决问题并设计适应度函数（fitness function）。

- 构建遗传算法（genetic algorithm）。

- 构建受自然启发的粒子群算法（nature-inspired swarm）。

- 用蒙特卡洛模拟（Monte Carlo simulation）进行统计模拟。

- 了解元胞自动机（cellular automaton）的概念。

- 使用爬山法（hill climbing）和模拟退火算法（simulated annealing）找到函数的极值。

- 尝试各种选择算法，包括锦标赛法（tournament selection）和转轮赌选择法（roulette selection）。

- 掌握启发式算法、适应度函数、衡量指标和聚类的知识。

你还会学习测试代码，举一反三地解决新问题，因地制宜地采用编程策略——这是称职的程序员必须具备的素质。除此之外，你还会借助可视化代码观察算法是如何通过学习来解决问题的。衷心希望这本书能对你未来的机器学习项目有所启发。

在线资源
Online Resources

受篇幅所限，书中代码有所省略。本书官网有完整的代码下载[1]。

书中代码采用 C++（C++11 及以上版本）、Python（2.x 或 3.x）和 JavaScript（用于操作 HTML5 canvas）编写。代码还会用到一些开源库，包括 matplotlib、SFML、Catch、Cosmix-Ray。这些绘图库和测试库不是必需的，但是能带来更完整的学习体验。你也可以根据算法描述，用你喜欢的语言编程，而不必拘泥于书中的代码。

致谢
Acknowledgments

感谢 Kevlin Henney、Pete Goodliffe、Jaroslaw Baranowski 在我构思书稿时给我鼓励。感谢本书的技术审稿人 Steve Love、Ian Sheret、Richard Harris、Burkhard Kloss、Seb Rose、Chris Simons、Russel Winder，他们牺牲个人时间尽最大可能找出了初稿中的错误和疏漏。

Frances Buontempo

---

[1] https://pragprog.com/titles/fbmach/genetic-algorithms-and-machine-learning-for-programmers/

目录
Table of Contents

第 1 章

逃出纸口袋
Escape! Code Your Way Out of a Paper Bag

　　本书将帮助普通程序员掌握人工智能和机器学习的知识。读者将学习使用各种算法建立模型，改进方法，解决问题。本书要解决的示例问题全都与逃出（或进入）纸口袋有关。为什么选择这个示例呢？

　　Stack Overflow 的联合创始人 Jeff Atwood 写过一篇博客[1]，文章的核心观点是很多程序员不会写程序。其中提到，不少人抱怨："我们受够了连编程逃出纸口袋都做不到的面试者了。"

　　在我看来，逃出纸口袋是一个形象的比喻，用来比喻简单的程序和算法，所以我打算用逃出纸口袋作为这本书的编程示例。只要学会编程逃出纸口袋，你就不再是上面那句话抱怨的对象了。

---

[1]　https://blog.codinghorror.com/why-cant-programmers-program/

书中出现的问题涉及人工智能、机器学习和统计方法三个方向，其中大部分都是和机器学习有关的。这三个方向有一些共通之处，都着眼于让计算机不依赖人类的指导，自主地进行学习。

人工智能不是新概念。Lisp 语言的发明人 John McCarthy 在 1956 年的一次会议中首次创造了人工智能的概念。会议提案中写道：

> 此研究旨在验证一个猜想，即学习或其他智力特征，可以被精确描述，以至于机器可以根据描述来进行模拟。我们会尝试让机器使用语言，提炼和建立概念，解决目前只能由人类解决的问题，并实现机器的自我完善。[2]

最近，人工智能浪潮再次席卷而来，主要原因是计算机算力的提升。

个人计算机的普及降低了人工智能的应用门槛。现在，机器人可以充当公司的客服，还能帮我们探索危险的地方。我们很容易找到现成的神经网络，稍加训练，不出几分钟就能将它派上用场。而在上世纪九十年代，神经网络的每一行代码都需要研究人员动手写，还要等一个通宵才能出运行结果。

人工智能应用的例子有很多，比如国际象棋、围棋，甚至打砖块游戏。除此以外，人工智能还能解决更广泛的问题，它可以从数据中发现模式，帮助公司预测趋势并从中获利。

机器学习也不是新概念。它是 Arthur Samuel[3]在 1959 年首次提出的，Arthur 编写了历史上第一个会下西洋棋和跳棋的自学程序。他研究出让程序学习下棋的方法，并进一步找到了解决这类问题的通用方法。他管这种

---

[2] https://ojs.aaai.org//index.php/aimagazine/article/view/1904

[3] https://en.wikipedia.org/wiki/Arthur_Samuel

方法叫机器学习。

机器学习近年变得流行起来，它包含的内容很丰富。不过，只要理解几个关键点，你就能很快掌握机器学习的要领。如果再有人企图用所谓的"概念"忽悠你，你可以这样反问：

- 你是如何建模的？如果需要数据学习的话，别忘了数据"脏"会结果就"脏"。[4]

- 你是怎么测试的？过程符合你的预期吗？

- 这么做有用吗？你找到解法没有？

- 你用了哪些参数？这些参数够好吗？其他参数会不会更好？

- 这个模型的泛化能力怎么样？还是只对你这个问题里的数据有效？

1.1 开始
Find a Way Out

我们从帮助一只乌龟逃出口袋开始。尽管这并不是一个通常意义上的机器学习算法，不过你可以通过这个例子了解一些重要的术语，同时对机器学习有一个大致的印象。稍后，你还会学习使用决策树和一些更常见的机器学习算法。

这个例子使用的语言是 Python。其实用什么语言并不重要，本书会用到 Python、C++、JavaScript。你也可以用你喜欢的语言。有些人说搞 AI 就得用通用图形处理器（GPGPU）、C++、Java、FORTRAN 或 Python。说实话，同一个算法无论用什么语言都可以实现，只不过语言的效率有差别，

---

[4] https://www.designnews.com/bias-bias-out-how-ai-can-become-racist

有些语言会运行得更快。

1.1.1 逃出纸口袋
Get Out of a Paper Bag

现在，假设正方形纸口袋里有一只乌龟。这只乌龟在一个给定的起始位置，它的目标是一步一步移动，直到逃出纸口袋（见图 1.1）。你要做的是告诉它移动方向以及何时停止移动，而它会在你的指示下进行尝试。为了记录乌龟的移动轨迹，你需要把乌龟经过的点用线段连起来。同时，乌龟经过的点也要记录下来，供后续尝试参考。

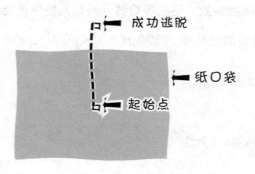

图 1.1 乌龟逃脱练习

乌龟将在**启发法**（heuristic）的引导下逃出纸口袋。所谓启发法，是一种解决问题的方法论，简单地说就是"蒙"。乌龟的每一次尝试称为候选解（candidate solution）。这些解有对有错。在你指引乌龟移动时，一定要注意别让它在袋子里兜圈子，那样的话它就永远出不去了。为了避免兜圈子，你需要确定一个**终止条件**（stopping criteria）。终止条件是确保算法一定会给出结果的一种手段。比方说，你可以让乌龟在走过一定的步数后停下来，或者一旦乌龟走出去就停下。这两种方法你都可以试试。

让我们开始吧。

1.2 目标：寻找出路
Find a Way Out

为了解决这个问题，你必须考虑：怎么选点、什么时候停下来、怎么画线。

无论算法描述多么精确，都需要你事先做一些选择，包括提前选择一些参数，我们称之为**超参**（hyperparameter）。调整参数是一门学问。一般来讲，算法发布时会给出一些建议值。这些建议的参数可能并不是最优的，你可以试着调整它们看看能不能让算法运行得更快，或者占用的内存更少。

接下来我们说说停止条件。这个问题有两种停止条件：一种是预设总步数，走完就停下；另一种是让乌龟不停地走，直到走出纸口袋才停下来。一般来说，预设总步数这种方法更容易，尽管有时需要不断提高预设总步数才能解决问题。

乌龟有很多种方式逃出口袋。比方说，它一开始位于口袋的正中央，然后一直朝着一个方向走；走出去就停下来。这样做的话你不需要预设总步数，只需要设置步长就够了。

再比方说，乌龟可以每走一步改变一次方向，而且每次的步长不断增加。这种增加步长的方式就是我们前面提到的启发法。因为步长不断变大，无论方向怎么变，乌龟都有可能走出袋子。如果每次改变的角度是固定的，并且线性地增加步长，那么乌龟的轨迹就会形成一个角螺旋（spriangle）[5]。角螺旋就是带直边的螺旋。

如果乌龟每次改变的角度是直角，它的轨迹会形成一个矩螺旋，也叫四角螺旋。开始步子较小，然后步长逐渐增加，每走一步都旋转 90 度。如

---

[5] https://en.wikipedia.org/wiki/Spirangle

此往复，它会留下如图 1.2 所示的轨迹。箭头代表它的移动方向。选择的角度不同，得到的形状就不同。

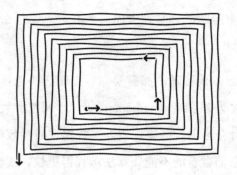

图 1.2 乌龟轨迹（矩螺旋）

如果你拿不定主意，还可以随机选择角度、调整步长。不过这样一来就没法保证它一定能走出去。本书的很多算法都用到了随机性，比如空间中的随机点。不过这些用到随机性的算法一般是用来让候选解相互引导，或者约束这些解的移动方向，使它们更有可能解决问题。

此外，乌龟还可以通过画同心正方形的方式逃出去。比如，先画一个小正方形，再画一个大一点的正方形，直到正方形超出口袋的边界。当然，这样一来，它的轨迹就不是连续的，而是跳跃的了。

1.3 帮助乌龟逃脱
How to Help the Turtle Escape

我们可以把上面提到的这些方法都写到程序里试一试。我们还想画出它的移动轨迹。Python 里有个 turtle 绘图包，适合绘制运动轨迹[6]。这个绘图包是 Python 自带的，无需额外安装。

---

[6] https://en.wikipedia.org/wiki/Turtle_graphics

Turtle 绘图工具在 Python 出现之前就存在了，它来自 Seymore Papert 发明的 Logo 语言。Seymore 和 Marvin Minsky 合著了影响广泛的《Perceptions: An Introduction to Computational Geometry》[MP69]。这本书为后来人工智能的发展铺平了道路。

1.3.1 乌龟和纸口袋
Turtles and Paper Bags

在 Python 中导入 turtle 绘图包（import turtle）。默认情况下你会看到一只朝右的乌龟，位于画布中心(0,0)点。你可以选择乌龟的形状（turtle.shape()），让乌龟向左转 90 度（turtle.left(90)）、向右转 90 度（turtle.right(90)），或者转动任意角度。乌龟可以向前移动（turtle.forward()）、向后移动（turtle.backward()），或者移动到指定位置（turtle.goto()）。你还可以让乌龟把纸口袋画出来，代码如下：

Escape/hello_turtle.py
```python
import turtle

def draw_bag():
    turtle.shape('turtle')
    turtle.pen(pencolor='brown', pensize=5)
    turtle.penup()
    turtle.goto(-35, 35)
    turtle.pendown()
    turtle.right(90)
    turtle.forward(70)
    turtle.left(90)
    turtle.forward(70)
    turtle.left(90)
    turtle.forward(70)

if __name__ == '__main__':
    turtle.setworldcoordinates(-70., -70., 70., 70.)
    draw_bag()
    turtle.mainloop()
```

在主函数里，setworldcoordinates 方法设置了窗口大小。窗口的大小不能小于纸口袋，否则乌龟会超出可视范围。最后一行的 mainloop 方法保持了窗口的常开状态，如果没有这一行，只要乌龟一移动，窗口就会关闭。

第 4 行代码 turtle.shape('turtle')设置乌龟的形状。乌龟开始时在画布中心，第 7 行代码把它移到了左上方。它开始是朝右的，第 8 行代码将它顺时针旋转了 90 度，这样它就朝下了。接下来，turtle.forward(70)让它前进 70 步。经过几次旋转和移动，纸口袋的轮廓就画出来了。

纸口袋宽 70 个单位，范围从 x=-35 到 x=+35；高也是 70 个单位，范围从 y=-35 到 y=+35。画完后，可以看到有三个边的口袋和乌龟（见图 1.3）：

图 1.3　画好的纸口袋

1.4　拯救乌龟
Let's Save the Turtle

我们的目标是帮助乌龟逃出纸口袋。最简单的办法是让它沿直线移动。你可以限制它只从上方逃出去，不过我们暂时允许它从任意方向逃出去。在它逃出去之后，你要让它停下来。那么怎么知道它是否出去了呢？我们知道口袋左侧和右侧的横坐标分别是-35 和+35。上下纵坐标分别是+35 和-35。有了这些信息，判断它是否逃脱就不难了，代码如下：

```
Escape/escape.py
def escaped(position):
  x = int(position[0])
  y = int(position[1])
  return x < -35 or x > 35 or y < -35 or y > 35
```

现在你只需要让它沿直线移动，直到逃出去，代码如下：

```
Escape/escape.py
def draw_line():
  angle = 0
  step = 5
  t = turtle.Turtle()
  while not escaped(t.position()):
    t.left(angle)
    t.forward(step)
```

很简单吧，我们再试试同心正方形。

1.4.1 正方形
Squares

要通过画同心正方形的方式逃脱，每画一个正方形，乌龟就要增加一次步长。这样，乌龟会越来越靠近纸口袋的边缘，最终会突破口袋的边界。画正方形，需要向前移动，然后旋转 90 度，如此重复 4 次，代码如下：

```
Escape/escape.py
def draw_square(t, size):
  L = []
  for i in range(4):
    t.forward(size)
    t.left(90)
    store_position_data(L, t)
  return L
```

然后，我们要记录乌龟移动的位置数据，以及它是否成功逃脱。

```
Escape/escape.py
def store_position_data(L, t):
  position = t.position()
  L.append([position[0], position[1], escaped(position)])
```

这里，你需要选择画几个正方形。你觉得画几个正方形能让乌龟逃脱呢？拿不定主意的话可以多试几次。现在，把乌龟挪到左下角，开始画正方形，在移动中不断地增加变量 size 的大小，代码如下：

```
Escape/escape.py
def draw_squares(number):
  t = turtle.Turtle()
  L = []
  for i in range(1, number + 1):
    t.penup()
    t.goto(-i, -i)
    t.pendown()
    L.extend(draw_square(t, i * 2))
  return L
```

用 Python 列表的 extend 方法扩展位置信息 L，把乌龟画的正方形保存下来（第 2 章还会用到这些保存的数据），代码如下：

```
Escape/escapedef
def draw_squares_until_escaped(n):
  t = turtle.Turtle()
  L = draw_squares(n)
  with open("data_square", "wb") as f:
    pickle.dump(L, f)
```

1.4.2　角螺旋
Spirangles

通过改变转角，乌龟可以画出各种角螺旋。如果连续三次转 120 度并维持相同的步长，那么它会画出一个三角形。如果每次移动都增加 forward 的步长，那么它会画出一个三角螺旋。代码如下：

```
Escape/escape.py
def draw_triangles(number):
  t = turtle.Turtle()
  for i in range(1, number):
    t.forward(i*10)
    t.right(120)
```

你还可以试试其他角度。或者干脆采用随机角度：

```
Escape/escape.py def
def draw_spirals_until_escaped():
  t = turtle.Turtle()
  t.penup()
  t.left(random.randint(0, 360))
  t.pendown()
  i = 0
  turn = 360/random.randint(1, 10)
  L = []
  store_position_data(L, t)
  while not escaped(t.position()):
    i += 1
    t.forward(i*5)
    t.right(turn)
    store_position_data(L, t)
  return L
```

多试几次，把乌龟走过的点保存到 pickle 文件里：

```
Escape/escape.py
def draw_random_spirangles():
  L = []
  for i in range (10):
    L.extend(draw_spirals_until_escaped())
  with open("data_rand", "wb") as f:
    pickle.dump(L, f)
```

和画正方形不同，这一次你让算法决定什么时候停下来。在画正方形的例子里，为了走出口袋，你预测了要画多少个正方形（译注：利用 draw_squares 函数的参数 number）。而这一次，你让算法变得更聪明了（译注：指代码中的 while 循环条件）。接下来的章节还会让代码变得更聪明。

1.4.3 该逃脱了
Time to Escape

我们用 main 函数调用上面这些函数，用 argparse 库判断调用哪个函数。

Escape/escape.py

```python
if __name__ == '__main__':
    fns = {"line": draw_line,
        "squares": draw_squares_until_escaped,
        "triangles": draw_triangles,
        "spirangles" : draw_random_spirangles}
    parser = argparse.ArgumentParser()
    parser.add_argument("-f", "--function",
        choices = fns,
        help="One of " + ', '.join(fns.keys()))
    parser.add_argument("-n", "--number",
                default = 50,
                type=int, help="How many?")
    args = parser.parse_args()
    try:
        f = fns[args.function]
        turtle.setworldcoordinates(-70., -70., 70., 70.)
        draw_bag()
        turtle.hideturtle()
        if len(inspect.getargspec(f).args)==1:
            f(args.number)
        else:
            f()
        turtle.mainloop()
    except KeyError:
        parser.print_help()
```

正方形走法和三角形走法需要提前确定数量，因此你要提供这两个函数的 number 参数。而直线走法和角螺旋走法会自动停下，不需要你提供额外信息。把前面的代码都放到 escape.py 文件中，你可以像下面这样运行它：

```
python escape.py --function=line
python escape.py --function=triangles --number=8
python escape.py --function=squares --number=40
python escape.py --function=spirangles
```

1.5　算法有效吗
Did It Work?

成功了。你用了几种方法帮乌龟逃出纸口袋。你的第一个确定性的

（deterministic）尝试是让乌龟沿直线走出口袋，如图 1.4 所示。

图 1.4　直线轨迹

直接冲出纸口袋不够优雅，我们又尝试了其他方式。乌龟还可以反复画正方形，越画越大，逃出口袋。图 1.5 中的乌龟画了 40 个正方形。

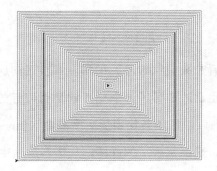

图 1.5　40 个正方形

最后，你还画了角螺旋。如果你让乌龟移动 7 次，每次转 120 度，并且逐步增加步长，那么乌龟会画出像图 1.6 中的图案。

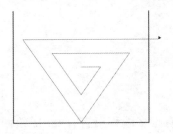

图 1.6　角螺旋轨迹

除此以外，你还可以采用随机路线，你只需要告诉机器一个大致的目标，让它自己去尝试就行。等它做完之后，你会得到像图 1.7 的逃脱路径。

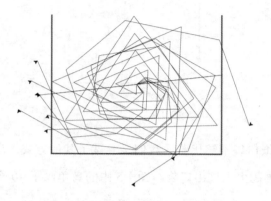

图 1.7　随机路线

虽然这些路线看起来有些零乱，但毕竟解决了问题，而且算法中已经包含了机器学习的元素：你写了一个判断解是否可行的函数，并将这个函数作为停止条件。稍后，你还会使用**适应度函数**（fitness function）和**代价函数**（cost function）来衡量解法的好坏，从诸多解法中选出最优的。

你还尝试了几个随机变量，并且让乌龟在成功逃脱后停下来。很多机器学习算法也采用了这样的做法，尝试各种随机解，称为随机搜索（stochastic search）。机器学习的学习（learning）指的正是不断尝试以获得更好的解。

1.6　拓展学习
Over to You

除了 Python，还有很多编程语言有 turtle 绘图工具。第 10 章还会再次用到它。在那之前，你要用其他方式画结果。

如果你对 turtle 绘图工具感兴趣，建议你学习 L-system。L-system 是生物学家 Aristid Lindenmayer 发明的描述植物生长的数学模型。你画的角螺旋是迭代增长的，而 L-system 采用简单的符号规则让图形递归增长。在 L-system 中，F 表示前进，–表示左转，+表示右转。用这些符号编写的规则看起来像这样：

```
X=X+YF+
Y=-FX-Y
```

你从一个初始公理（axiom），比如 X 开始。每次遇到 X 就把 X 替换为 X 公理的内容。因为用到了递归，你需要跟踪调用次数并确定什么时候停下来（译注：递归不会自己停下来）。下面的代码可以画出一条"龙"（见图 1.8）：

```
Escape/dragon.py
from turtle import*

def X(n):
  if n>0: L("X+YF+",n)
def Y(n):
  if n>0: L("-FX-Y",n)
def L(s,n):
  for c in s:
    if c=='-': lt(90)
    elif c=='+': rt(90)
    elif c=='X': X(n-1)
    elif c=='Y': Y(n-1)
    elif c=='F': fd(12)

if __name__ == '__main__':
  X(10)
  mainloop()
```

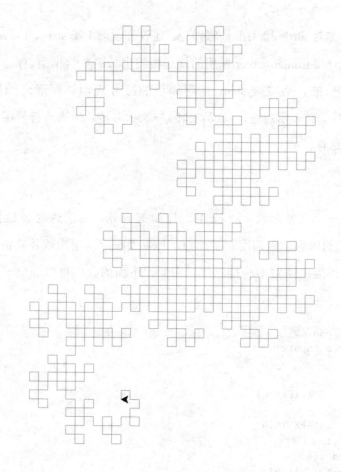

图 1.8 L-system 画的 "龙"

这个图案需要几分钟才能画完。你可以在网上找到画各种 "蕨类植物" 和 "树" 的方法。

第 2 章将学习使用分治法（divide and conquer），它有点像排序算法，将数据递归地拆分成相对单一的组或类别（比如，分为口袋里面和口袋外面）。最后，这种拆分会构造出一棵决策树，每一次拆分形成不同的分支。决策树可以对没有见过的数据进行分类。

第 2 章

寻找纸口袋
Decide! Find the Paper Bag

在第 1 章中，你让乌龟动了起来并帮助它逃出了纸口袋。你画出了它的运动轨迹（直线、正方形和角螺旋），并把它经过的点保存在文件里，记录下了这些点是在口袋里面还是外面。

本章将用这些点的数据来构建一棵决策树，帮助乌龟找到纸口袋的位置。由于数据记录了点是在口袋里面还是外面，因此你可以对这些点进行**分类**（classify）。训练好一棵决策树之后，你可以对它进行**剪枝**（prune），然后将它用作判断纸口袋位置的**规则集**（ruleset）。

决策树是一种**分类器**（classifier）。很多分类器的工作方式像黑箱——你"喂"给它数据，它返回对输入数据的预测（译注：这类分类器预测方式的可解释性差）。但是决策树却不同，它是可读的，我们清楚它给出预测结果的理由，从而可以对决策树进行微调来获得更好的预测结果。这是一种**有监督的**（supervised）机器学习算法，它使用**训练数据**（training data）训练模型，以便预测没有见过的数据。数据的**特征**（feature）通常用 x 表示。数据的**类别**（category），也叫目标值，通常用 y 表示。训练好决策树之后，你可以在它没有见过的数据上测试。如果测试结果让你满意，就可以把它用到新数据上。

决策树适用于各种类型的数据。例如，用决策树判断化学品是否有害[1]。决策树还用来处理信用卡申请，将申请划分为低、中、高三个风险等级。它甚至还可以用来检测金融诈骗[2]。

构建决策树的方式有很多种。本章将采用 ID3（Iterative Dichotomiser 3）算法构建决策树。这是 J.R.Quinlan 在 1985 年提出的经典算法[3]。

构建决策树能让你学会一种数据建模的方式。你将学习用领域知识（domain knowledge）和信息熵（entropy）构建决策树。ID3 算法用信息熵作为试探对象，比较适合入门学习。启发法通过猜测和试探来解决问题，并用**适应度函数**（fitness function）、**目标函数**（objective function）、**代价函数**（cost function）衡量算法的好坏。

2.1 从数据中学习
Your Mission: Learn from Data

决策树有两种形式：**分类树**（classification tree）和**回归树**（regression tree）。无论哪种树，都要根据判断问题的结果来选择树的分支。到达树的**叶子结点**（leaf node），意味着你获得了一个决策结果。判断问题可以是关于类别的（categorical，例如颜色分类），或者是关于数值的（numerical，

---

[1] https://www.ncbi.nlm.nih.gov/pmc/articles/PMC2572623/
[2] https://www.ijcsmc.com/docs/papers/April2015/V4I4201511.pdf
[3] https://hunch.net/~coms-4771/quinlan.pdf

例如大小比较）。分类树的每一个叶子结点是一个类别，比如在纸口袋里面或在纸口袋外面；回归树的每一个叶子结点则是一个计算出来的数值。

决策树可以表示成树的形态或是一系列规则的形式。树的形态看起来和流程图差不多，你可以把流程图的每一个分支的判断问题转换成由 if-then-else 语句组成的规则。反过来也一样，规则也可以转换成树。每一个 if 语句创建一个分支，而 then 和 else 则创建子树或叶子结点。

有两种方式构建决策树：**自下而上**（bottom-up）的方式和**自上而下**（top-down）的方式。自下而上的方式每次使用一个数据点构建分类器；而自上而下的方式则对所有训练数据逐一进行分类。

以自下而上的方式为例，假设数据列表中每一个数据点被分成了 good 或 bad，同时每个数据点包括一个字母（letter）特征和一个数字（number）特征：

```python
data = [['a', 0, 'good'], ['b', -1, 'bad'], ['a', 101, 'good']]
label = ['letter', 'number', 'class']
```

你可以从第一个数据点开始，用 Python 伪代码建立一个规则：

```python
if letter == 'a' and number == 0 then
  return 'good'
else
  return 'No idea'
```

接下来，随着越来越多的数据进入流程，你可以逐步放宽已有规则，或者添加新规则：

```python
if letter == 'a' and number == 0 then
  return 'good'
else if letter == 'b' and number == -1 then
  return 'bad'
else
  return 'No idea'
```

列表中第三个数据可以帮你缩减这些规则。在这三个数据中，我们知道了字母 a 对应 good，这样一来数字特征就对分类没有影响了。

```
if letter == 'a' then
  return 'good'
else
  return 'bad'
```

相反地，自上而下的构建方式提前分析所有数据并依次将特征分开。当字母特征是 a 时，对应的类别是 good；字母特征是 b 时，对应 bad。如此一来，就可以像图 2.1 那将分类标准写入决策树。

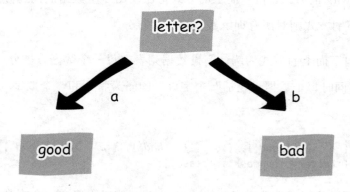

图 2.1　自上而下的构建方式

在一个较小的数据集中找到分割点很容易。如果数据量很大，就要想办法确定用于分割的特征值。这里我们要用到前文提到的信息熵。熵是热力学中描述系统混沌程度的物理量。在**信息论**（information theory）中，熵用来衡量不确定性。举例来说，抛一枚两面图案相同的硬币，可以肯定每次硬币落下后图案都一样。而抛一枚两面不同的硬币，获得两种图案的机会各占一半。后一种硬币有更高的信息熵。硬币的类型（译注：比喻随机变量）会影响你的预测。在乌龟逃脱问题上，你预测的不是硬币的两面，而是(x, y)坐标值，但两者在原理上几乎是一样的。

如果用 Python 字典类型来表示一棵树，首先你要建立一个空字典：tree={}。字典中的键（key）是你选择用来做划分的属性，对应的值（value）则为具体的划分方法，这个值可能是一个最终的类别或是另一棵树。

对于前面提到的包含字母和数字的数据，你可以用 letter 作为一个键（key），表示划分或者分支。这样一来 letter 键对应的值（value）中应当有两个叶子结点（每个叶子结点分别对应 good 和 bad）。这个 letter 键对应的值也是一个字典，其中 a 指向 good，b 指向 bad，看起来像这样：

```
tree = {'letter': {'a': 'good', 'b': 'bad'}}
```

2.1.1 划分数据
Divide Your Data

选好划分方式后，你可以用类似于快速排序（quick sort）的方式对数据递归地进行分块。我们来回忆一下快速排序的原理：

- 选择数据中的一个元素作为主元（pivot）；
- 将数据分成两组：小于等于主元的元素为一组，余下的为另一组；
- 将前两步分别应用到分好的两组中，直到所有的组最多只有一个元素。

快速排序使用主元将数据分为小于主元的值和大于主元的值。决策树则使用数据的某个特征对数据进行划分，同时，决策树也使用递归的方式来构建。记录所有用来进行划分的特征值，你便得到了一棵决策树，可以将它用于预测任意数据。你也可以将树变成等价的规则列表。

有时，你的决策树会有过多的规则。在最坏的情况下，甚至每个数据点都有一条规则。有很多办法可以将决策树修剪得更简单。以乌龟逃脱的路径数据集为例，你可以用纸口袋是方形的这个条件把规则集变得更简洁。

2.2 生成决策树的方法
How to Grow a Decision Tree

使用自下而上的方式从叶子结点和子树开始构建决策树与快速排序非常相似，它们都是用递归的方式划分数据：

```
ID3(data, features, tree = {}):
  if data is (mostly) in same category:
    return leaf_node(data)
  feature = pick_one(data, features)
  tree[feature]={}
  groups = partition(data, feature)
  for group in groups:
    tree[feature][group] = ID3(group, features)
  return tree
```

这段代码先把你选择的特征中有相同值的数据分成同一组。然后每一组往下继续构建子树。如果所有的数据（或绝大部分数据）在子树中能够被分成同一类，再往下就可以结束构建并形成叶子结点。要注意有可能只有一个数据点落在叶子结点中。

在选择划分的特征时，你可以随机选一个特征，生成一个随机森林（random forest），然后通过投票的方式进行决策。遗憾的是，本书篇幅不足以详述随机森林。不过这个算法值得一试。接下来，我们将用更直接的方式来构建一棵 ID3 决策树。

2.2.1 选取最佳特征
How to Decide the Best Feature

你可以用任意标准来选取特征。我们先来考虑一种简单的情况。现在有(0,0)、(1,0)、(0,1)和(1,1)这四个点。假设前两个点在口袋里面，后两个点在口袋外面，如图 2.2 所示。

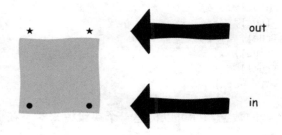

图 2.2 四个点的位置

这些点只有两种特征供你选择：x 坐标值和 y 坐标值。无论 x 的值是 0 还是 1，都不影响点是否在口袋里面。而只要点的 y 坐标值是 1，它就在口袋外面。根据这个认识，你可以建立如图 2.3 所示的决策树。

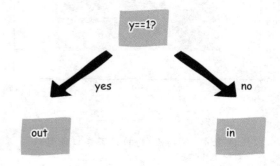

图 2.3 用 y 坐标值划分的决策树

当然了，除了这四个点之外，其他点可能可能出现在口袋外面。所以只有这个基于 y 坐标值是否等于 1 的决策树还远远不够。ID3 算法只能根据训练数据学习如何做决策，仅仅根据这四个点构建的决策树不足以应用到其他数据上。不过这不妨碍你做尝试。比方说你可以将算法应用到一个更大的纸口袋。这个纸口袋的四条边分别是 x=-1、x=1、y=-1 和 y=1。这里会用到有五个点的训练数据：一个点在口袋中心（在口袋里），另外四个在边界上（不在口袋里）：

```
data = [[0, 0, False],
        [-1, 0, True],
        [1, 0, True],
        [0, -1, True],
        [0, 1, True]]
label = ['x', 'y', 'out']
```

根据这五个点的数据，你可以构建一个决策树来对不在训练数据中的点进行分类，比如(1,1)（见图2.4）。

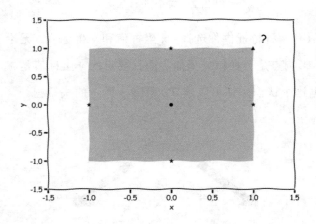

图2.4　判断点(1,1)是否在口袋里

再回到之前那四个点的例子。我们希望知道在划分数据时所选择的特征的**纯度**（purity）（译注：纯度指决策树分支结点包含样本属于同一类别的程度）。对这四个点来说，使用 y 坐标值划分数据会得到两个纯集合。衡量纯度的方法很多，有些方法用到了概率论和统计学知识，本书不做讨论。接下来，我们用信息熵作为衡量决策树好坏的标准，因为它不要求掌握大量的统计学知识。

信息熵可以描述数据集的**同质性**（homogeneous）（译注：即数据集中数据的相似程度）。它衡量系统的随机性（混沌程度）。信息熵低的数据更规整，因此更容易提炼信息。如果所有数据完全一样——好比前文提到的两面图案一样的硬币——那么这个数据集的信息熵就是 0。

信息熵的计算用到了对数。给定一个数和一个底（亦称基数），给定数的对数为产生该底的指数。$2^3 = 8$，8 以 2 为底的对数是 3。$3^2 = 9$，9 以 3 为底的对数是 2。同底数幂相乘，底数不变，指数相加：

$$(2 \times 2 \times 2) \times (2 \times 2) = (2 \times 2 \times 2 \times 2 \times 2) = 2^5$$
$$\Rightarrow 2^3 \times 2^2 = 2^{3+2} = 2^5$$

要计算数据集的信息熵，你还需要了解分数的对数。

分数的对数怎么算

2 的几次幂是 0.5？先考虑 2 的整数次幂：

$$2^3 = 2 \times 2 \times 2 = 8, 2^2 = 2 \times 2 = 4, 2^1 = 2, 2^0 = 1$$

接下来，我们试一下分数，比方说求 p，使得 2 的 p 次幂为二分之一：

$$2^p = \frac{1}{2}$$

因为二分之一的二倍是一，我们做如下推导：

$$2 \times 2 \times 2 \times \frac{1}{2} = 2 \times 2 \times \left(2 \times \frac{1}{2}\right) = 2 \times 2 \times 1 = 2 \times 2 = 2^2$$
$$\Rightarrow 2^3 \times 2^p = 2^2$$

3+（-1）= 2，-1 就是 p 的值。这说明 0.5 以 2 为底的对数是-1：

$$0.5 = \frac{1}{2} = 2^{-1}$$

（译注：以下作者对信息熵的介绍比较通俗。感兴趣的读者请自行查

阅相关资料。）

信息熵的计算还要用到数据中每个类别/特征值在整体分类中的占比 P。在四个点的数据集中，有四个特征类别，分别是 x=0、y=0、x=1、y=1。而整体分类有两个：在里面和在外面。在实际操作中，将连续的数（如实数）当作离散数处理是不合适的，不过在本例中这样做影响不大。计算熵时，具体做法是将每个类别的占比与占比以 2 为底的对数相乘，再将所有的结果求和。求和符号 Σ 是希腊字母 σ（西格玛）的大写。我们常用 H 来表示信息熵[4]。H 是希腊字母 η（艾塔）的大写。

$$H = -\sum_{i=1}^{n} P(x_i)\log_2 P(x_i)$$

因为每个类别在整体中的占比都是小于 1 的，因此这些占比以 2 为底的对数都是负数。为了得到正值，我们要将求和结果反转符号。实际上，信息熵的计算还可以用其他数为底求对数（译注：通常为 2、e 和 10）。以 2 为底求对数时，信息熵的单位是**比特**（bit）。此时，二元类（如正/反、里/外）的信息熵为 0 或 1。多元类的信息熵可能会超过 1。ID3 之后的一些算法用比例对多元类的信息熵进行**归一化**（normalize），否则这些多元类更有可能被选作最优分类特征[5]。本例不需要归一化操作，因为只有两个类别，而且 x，y 坐标的分布是很均匀的。

接下来我们来计算 (x=0,y=0,in),(x=1,y=0,in),(x=0,y=1,out),(x=1,y=1,out)这四个点在不同划分下的信息熵。选取 x 为特征时，它有两个可能的值：0 和 1。我们要分别计算这两种情况下分类的信息熵。当 x 取 0 时，口袋里外各有一个点。

---

4   https://math.stackexchange.com/questions/84719/why-is-h-used-for-entropy
5   https://en.wikipedia.org/wiki/Information_gain_in_decision_trees

$$
\begin{aligned}
H(X = 0) &= -(P(\text{out}) \times \log P(\text{out}) + P(\text{in}) \times \log P(\text{in})) \\
&= -\left(\frac{1}{2} \times \log\frac{1}{2} + \frac{1}{2} \times \log\frac{1}{2}\right) \\
&= -(0.5 \times -1 + 0.5 \times -1) \\
&= -(-0.5 + -0.5) \\
&= -(-1) = +1
\end{aligned}
$$

（译注：H(X=0)实际上应为 H(Location|X=0)，Location 为随机变量，它的值域为{in, out}。另外注意此处 X 为大写，这是因为 X 也是随机变量，它的值域是{0,1}。）

同理得 x=1 的信息熵亦为 1。要进一步计算以 x 作为划分时的信息熵，我们要将已算得的信息熵乘以这两种情况在数据中的占比，然后求和：

$$
\begin{aligned}
H(\text{split}) &= P(x = 0) \times H(x = 0) + P(x = 1) \times H(x = 1) \\
&= \frac{2}{4} \times 1 + \frac{2}{4} \times 1 = \frac{1}{2} + \frac{1}{2} = 1
\end{aligned}
$$

这里算得的信息熵为 1，有些大了（译注：这里 H(split)即 H(Location|X)）。接下来我们来看选取 y 为特征时的情况。当 y=1 时，两个点都在外面，此时信息熵为：

$$
\begin{aligned}
H(Y = 1) &= -(P(\text{out}) \times \log P(\text{out}) + P(\text{in}) \times \log P(\text{in})) \\
&= -\left(\frac{2}{2} \times \log\frac{2}{2} + \frac{0}{2} \times \log\frac{0}{2}\right) \\
&= -(1 \times 0 + 0 \times \log 0)
\end{aligned}
$$

log0 是没有定义的，但是在计算时 0×log0=0。这样的话我们得到：

$$
= -(0 + 0) = 0
$$

当 y=0 时，算出信息熵同样为 0。以 y 为特征进行划分的信息熵为：

$$H(\text{split}) = P(y=0) \times H(y=0) + P(y=1) \times H(y=1)$$
$$= \frac{2}{4} \times 0 + \frac{2}{4} \times 0 = 0 + 0 = 0$$

我们可以看到，使用 y 划分时的信息熵比使用 x 时的小。

在决定最佳特征选取时，要把不同划分方式的信息熵与一个基线信息熵比较。基线信息熵即不对数据进行任何划分时的信息熵。对这四个点的数据来说，基线信息熵的计算为：

$$H(\text{data}) = -\big(P(\text{in}) \times H(\text{in}) + P(\text{out}) \times H(\text{out})\big)$$
$$= -\left(\frac{2}{4} \times \log\frac{2}{4} + \frac{2}{4} \times \log\frac{2}{4}\right)$$
$$= -(0.5 \times -1 + 0.5 \times -1) = -(-1) = 1$$

接下来我们要计算不同划分下的信息熵相对于基线信息熵的**信息增益**（information gain）。我们将选取信息增益高的方式。

对 x 来说，信息增益为 1-1=0，完全没有增益。对 y 来说，信息增益为 1-0=1。所以 y 带来的信息增益最高，y 可以作为最佳划分特征。这个方法适用于任意数据。

2.3 找到纸口袋
Let's Find That Paper Bag

这里要用到第 1 章保存的数据。下面的代码为加载方式（译注：第 1 章保存的文件名为 data_square 和 data_rand，请替换引号里面的 data）：

```python
import pickle
with open("data", "rb") as f:
  L = pickle.load(f)
```

这个数据是列表的列表。每一个子列表有三项：['x','y','out']，决策树将预测最后一项，也就是'out'。为了让规则可读，你要为每一列准备一个标签（label）。在构建树之前，我们先来看看怎样找到分割点。

2.3.1 寻找分割点
Find Split Points

我们使用前面提到的信息增益来找分割点。首先要计算数据中每组特征的占比，这里我们用 Python 中的 collection 库计算每个值出现的次数。

下面是计算一个数列中各个数出现次数的示例代码：

```
import collections
count = collections.Counter([1, 2, 1, 3, 1, 4, 2])
```

count 的数据类型为 Counter，其中包含了每个数字出现的次数：

```
Counter({1: 3, 2: 2, 3: 1, 4: 1})
```

其中的键（key，即每个冒号之前的内容）为列表中出现的数，对应的值（value）为每个数出现的次数。要计算每个数字出现的比例（ratio），只需用次数除以数列的长度。

回忆刚刚讲过的信息增益定义，我们建立如下函数计算基线信息熵：

```
Decide/decision_tree.py
def entropy(data):
  frequency = collections.Counter([item[-1] for item in data])
  def item_entropy(category):
    ratio = float(category) / len(data)
    return -1 * ratio * math.log(ratio, 2)
  return sum(item_entropy(c) for c in frequency.values())
```

这段代码中，我们首先用 Counter 计算了数据中每个类别——即数据中的最后一列（item[-1]）——出现的次数。接着我们算出了每个类别的占比，按照定义求出数据的信息熵。

有了基线信息熵之后，下一步我们要选出带来最大信息增益的特征。

我们先要计算每个特征的信息熵。这种选取带来最大增益特征的方法是一种**贪心算法**（greedy algorithm）。贪心算法的缺陷是它会导致你错失一些一开始看起来不太好，但最终会比当前选择更好的特征。我们暂且用这种方法，之后再考虑如何改进。

```
Decide/decision_tree.py
def best_feature_for_split(data):
  baseline = entropy(data)
  def feature_entropy(f):
    def e(v):
      partitioned_data = [d for d in data if d[f] == v]
      proportion = (float(len(partitioned_data)) / float(len(data)))
      return proportion * entropy(partitioned_data)
    return sum(e(v) for v in set([d[f] for d in data]))
  features = len(data[0]) - 1
  information_gain = [baseline - feature_entropy(f) for f in
range(features)]
  best_feature, best_gain = max(enumerate(information_gain),
                                key=operator.itemgetter(1))
```

这个函数会用来构建决策树。

2.3.2　构建决策树
Build Your Tree

通过在 Counter 上调用 most_common(1)，我们可以得到数据中出现最多的类别。然后你可以用这个信息来决定是否生成一个叶子结点。

```
Decide/decision_tree.py
def potential_leaf_node(data):
  count = collections.Counter([i[-1] for i in data])
  return count.most_common(1)[0] #the top item
```

这个函数的返回值是一个**元组**（tuple），其中包含了最常见的类别和该类别的数量。如果"绝大多数"数据为同一类，那么我们就可以建立一个叶子结点了。这里的"绝大多数"需要你来定义。为简单起见，我们暂且认为"绝大多数"数据指所有数据。

如果不能建立叶子结点，那么你要转而建立一棵子树。在下面代码中，我们建立一个空字典保存最佳分割特征。

```
Decide/decision_tree.py
def create_tree(data, label):
  category, count = potential_leaf_node(data)
  if count == len(data):
    return category
  node = {}
  feature = best_feature_for_split(data)
  feature_label = label[feature]
  node[feature_label]={}
  classes = set([d[feature] for d in data])
  for c in classes:
    partitioned_data = [d for d in data if d[feature]==c]
    node[feature_label][c] = create_tree(partitioned_data, label)
  return node
```

在上述代码中，如果你的数据类别相同，则返回类别并建立一个叶子结点。否则，说明你的数据是**异质化的**（heterogeneous），需要进一步将它们分割成更小的组并递归地调用 create_tree 函数。

到此为止，你已经可以用训练数据和标签来构建决策树了。接下来，我们学习怎样用决策树对新的数据进行分类。

2.3.3　数据分类
Classify Data

我们可以将储存决策树的字典用 print 语句打印出来，手动地将它应用到数据上。不过还是用计算机方便一些。决策树有一个根结点，也就是字典中的第一个键。如果它对应的值是类别值，那么就找到了一个叶子结点，分类就完成了。如果它对应的值是字典，那么我们需要进行递归迭代。

Decide/decision_tree.py
```python
def classify(tree, label, data):
  root = list(tree.keys())[0]
  node = tree[root]
  index = label.index(root)
  for k in node.keys():
    if data[index] == k:
      if isinstance(node[k], dict):
        return classify(node[k], label, data)
    else:
        return node[k]
```

回忆之前字母和数字的决策树：

```python
{'letter': {'a': 'good', 'b': 'bad'}}
```

将它应用到一个新的数据点 ['b',101] 上，我们得到分类 'bad'。这个过程是怎样的呢？首先，因为根结点（tree.keys(0)）的键为 'letter'，'letter' 在我们数据中的索引（index）是 0。这个新数据点索引 0 对应的值为 'b'，在决策树中根结点子树 'b' 分支对应的分类是 'bad'。

你已经学会了构建和使用决策树。让我们看看怎样把决策树转换成规则集的形式。

2.3.4 将决策树转为规则集
Transform a Tree into Rules

你可以借助图形库把决策树画出来。不过，我们用更简单的办法，把它对应的规则一条条打印出来。我们修改 classify 函数，将标签和对应的值写在规则里面。

每一条规则是一个字符串。第一条规则的格式为 if<某种条件>。后面如果对应的是子树，那么我们需要更多的 if，如果是叶子结点，则格式为 then<类别>。请看代码：

Decide/decision_tree.py

```
def as_rule_str(tree, label, ident=0):
  space_ident = ' '*ident
  s = space_ident
  root = list(tree.keys())[0]
  node = tree[root]
  index = label.index(root)
  for k in node.keys():
    s += 'if ' + label[index] + ' = ' + str(k)
    if isinstance(node[k], dict):
      s += ':\n' + space_ident + as_rule_str(node[k], label, ident + 1)
    else:
      s += ' then ' + str(node[k]) + ('.\n' if ident == 0 else ', ')
  if s[-2:] == ', ':
    s = s[:-2]
  s += '\n'
  return s
```

最后，我们来看看决策树的性能。

2.4 算法有效吗
Did It Work?

是时候检查决策树的分类效果了。衡量效果的方法很多，最直接的办法是计算**准确率**（accuracy）——正确分类的数据占总体的百分比。对于数值类型的数据，我们可以用**误差函数**（error function），比如**均方误差**（mean squared error，MSE），即各个预测值与实际值误差平方的平均数。那么你的决策树到底表现如何呢？我们用四个点的数据测试一下。

```
data = [[0, 0, False], [1, 0, False], [0, 1, True], [1, 1, True]]
label = ['x', 'y', 'out']
tree = create_tree(data, label)
print(as_rule_str(tree, label))
```

得到如下规则：

```
if y = 0 then False.
if y = 1 then True.
```

你的决策树选择了 y 作为分割特征，非常好。接下来试着用 classify 函数来对两个点进行分类：

```
print(classify(tree, label, [1, 1]))
print(classify(tree, label, [1, 2]))
```

点(1,1)的分类结果是在纸口袋外面。然而，由于决策树不知道如何处理点(1,2)，分类的结果是 None。我们已经知道这四个数据建立的决策树没法很好地用到其他数据上，那么之前那五个点的数据呢？

```
data = [[0, 0, False],
        [-1, 0, True],
        [1, 0, True],
        [0, -1, True],
        [0, 1, True]]
label = ['x', 'y', 'out']
tree = create_tree(data, label)
category = classify(tree, label, [1, 1])
```

由这五个点建立的决策树能对没见过的坐标进行分类吗？可以。决策树对应的规则集为（译注：这里作者举的例子不太恰当，理解意思就好）：

```
if x = 0:
  if y = 0 then False, if y = 1 then True, if y = -1 then True
if x = 1 then True.
if x = -1 then True.
```

使用涵盖更多值的数据，决策树更不容易遇到无法分类的点。不过这样做不能彻底解决决策树无法处理训练数据中没有出现过的坐标的问题。监督式学习方法无法对与训练数据完全不同的数据进行操作。对某些特定问题，你可以给模型加上**推断**（extrapolate）能力，从而使模型可以处理与训练数据类似的数据，哪怕这些数据没有在训练数据中出现过。

对于有具体类别的数据，推断可能行不通。而对数值型数据，我们可以让分割出的数据以小于或大于一个特定的数（如中位数）为划分。这种划分方式可以让决策树通过推断训练数据中的值是否大于最大值或最小值来进行训练。具体到纸口袋的问题，我们可以根据点的坐标和四条边坐标的大小关系来制定决策树的规则。

接下来我们用第 1 章保存的随机角螺旋数据（data_rand）来生成决策树，并把规则集打印出来。这些规则之间不会有任何冲突，因为每一条规则和每一个坐标值是一一对应的。下面是规则中的一小部分：

```
if x = 3.0 then False.
if x = 20.0 then False.
if x = -17.0 then False.
if x = -45.0 then True.
if x = -45.0 then True.
if x = -46.0 then True.
```

这些点分布在正方形口袋的对角线上，无论点是否在口袋内，x 坐标和 y 坐标的绝对值都是相等的（符号可能相反）。在上面的规则中，我们可以看到决策树选择了 x 作为分割特征，这是因为选择 x 或 y 作为分割特征有相同的信息熵，而 x 在 y 之前。

另外，我们可以看到x=-45.0出现了两次。这是由于坐标值被近似到了小数点后一位。在目前这种划分方法下，如果你追求百分之百的纯度，那最终结果一定是每个数据点对应一条规则。将这些结点融合为父结点的子树会使纯度降低，但是可以避免**过拟合**（over fitting）。这一过程称为**剪枝**（pruning）。过拟合会使模型在训练数据上有非常高的准确度，但是在其他数据上的表现会非常差。我们当前处理的问题不会出现过拟合。下面我们学习剪枝的方法。

2.4.1 如何剪枝
How to Prune Your Rules

我们已知口袋是一个正方形，一种间接地剪枝方式是根据正方形四边的 x、y 坐标来判断点是否在口袋里面。

找到数据中 x 坐标值和 y 坐标值相等的点，将它们连起来，你会得到如图 2.5 所示的对角线。

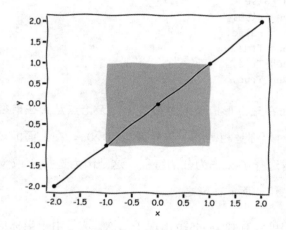

图 2.5　正方形口袋的对角线

Python 中 set 类型的 intersection 函数可以帮你找到两个 set 中相同的数据。我们用这个函数找出对角线上的点。对对角线上的点使用决策树进行分类，我们可以得到这条对角线的两个端点：(min_x,min_y) 和 (max_x,max_y)，如下面代码所示：

```
Decide/decision_tree.py
def find_edges(tree, label, X, Y):
  X.sort()
  Y.sort()
  diagonals = [i for i in set(X).intersection(set(Y))]
  diagonals.sort()
```

```
L = [classify(tree, label, [d, d]) for d in diagonals]
low = L.index(False)
min_x = X[low]
min_y = Y[low]
high = L[::-1].index(False)
max_x = X[len(X)-1 - high]
max_y = Y[len(Y)-1 - high]

return (min_x, min_y), (max_x, max_y)
```

并不是所有的线都能像对角线这样找到正方形的四边，比如水平线或垂直线。以上示例数据中共有约一百个数据点，生成了九十多条不同的规则。find_edge 函数在此数据中得到的结果是（精确到小数点后 2 位）：

```
(-33.54, -33.54), (34.32, 34.32)
```

而正方形口袋对角线的两个端点是(-35, -35)和(35, 35)。很接近，但是还不够。由于数据是随机生成的，实际操作中可能有不同的结果。如果我们使用正方形数据 data_square，就更容易得到这两个端点值。用这两个端点值，我们可以建立一条比之前更好的规则，它可以覆盖所有的情况：

```
if x < 35.0 or x > 35.0 or y < 35.0 or y > 35.0 then True
else False
```

这样，你就不会得到返回值 None 了。正确的训练数据和一些特定的知识可以帮你确定纸口袋的位置。在本问题中，我们因为了解正方形的几何特性，所以可以确定决策树的规则是正确的。在别的问题上，由于缺乏领域知识，决策树的规则有可能是错的。

处理实际问题时，有必要在没有见过的数据上对决策树进行**验证**（validating）。同时还要对决策树的参数进行调整，例如确保某个叶子结点的纯度，或者对树进行剪枝。训练和验证之后，如果对决策树满意，你还要在更多的数据上进行**测试**（test）。训练、验证、测试是机器学习的标准流程。模型必须经过测试才能使用。

2.5 拓展学习
Over to You

第 1 章帮助乌龟逃出了纸口袋，本章则用监督式学习的方法找到了纸口袋的边缘。为方便起见，我们先将数字坐标看作一个一个类别，而不是一个区间上连续的实数。后来我们根据正方形的几何特性，将这些数视作连续数来重新构造决策树。其他的决策树算法，例如 C4.5 和随机森林，可以直接使用数值型数据进行训练[6]。尽管算法细节不同，但它们的思路都是靠分割数据来建模。

我们可以调整寻边算法，使之可以处理除正方形外的任意矩形。

普通决策树倾向于将**输入空间**（input space）中的数据划分成矩形区域，例如：

(-35 < x < 35) and (-35 < y < 35)

还有一些方法可以构建斜决策树（oblique tree），这种树对数据的划分用到了线性组合：

(-35 < 2x - y < 35)

这些线性组合表示的直线构成了**决策边界**（decision boundaries），它们相对于坐标系是倾斜的。在**支持向量机**（support vector machine）这样的算法中，决策边界可能是曲线，甚至是更为复杂的形状。

第 3 章将学习遗传算法，在纸口袋里"开炮"。你的算法将学习怎样让"炮弹"打出口袋。遗传算法解决过很多难题。它通过迭代优化的方式学习。很多机器学习算法使用类似的策略。学习遗传算法，会让你对其他算法有基本的认识。

6　https://www.rulequest.com/see5-info.html

第 3 章

遗传算法
Boom! Create a Genetic Algorithm

在第 2 章，我们学习用保存的路径点构建决策树，将 x、y 坐标作为特征，对数据进行分割，从而让决策树学会判断新数据点是否在纸口袋里面。决策树是众多预测算法中的一种。预测算法林林总总，每一种都可以写一本书。学习决策树让我们对人工智能解决问题的方式有了感性的认识。本章将学习另一种算法，它不像决策树那样预测结果，而是寻找组合来解决问题。在开始之前，请思考几个问题：

- 怎样管理投资组合让你的收益最大化，同时避免将钱投给你反感的公司？

- 怎样给学校排课，保证课程既没有冲突，也不会遗漏，同时每一次课都能分配到教室？

- 怎样安排婚礼客人的座位，使得每桌客人都有熟人，同时让有些人的座位离得越远越好？

这些问题看上去毫无关系：投资组合是资金分配方式，排课涉及课程时间和地点，安排座位是对号入座。然而它们确有共同之处：投资金额是固定的，课程数量是固定的，婚礼客人总数也是确定的。除此以外，它们都有限制条件。算法只要能返回满足条件的定长数组就能解决这类问题。

对于简单的问题，你可以直接尝试所有可能的组合，或者用数学方法解答。假如你的投资只有一支定息债券，那么很容易就能算出收益；假如学校只开一门课，只有一位老师和一间教室，那么就只有一种课表；假如只有一个客人参加婚礼，那就不用排座了。可是，如果有 25 个客人，那么将有 15,511,210,043,330,985,984,000,000 种安排座位的方式[1]。要是用**穷举**（brute force）的方式尝试每一种可能，显然要花费很长时间。要解决这个问题，一种可行的方法是给这 25 位客人编号，随机排列编号，运气好的话很快就能找到一个可行的方案。如果前几个随机排列行不通，我们就需要一种方法快速尝试其他排列以增加找到合适排列的机会（这个思路对投资和排课表也适用）。

机器学习中有一类算法叫做进化算法，其中的**遗传算法**（genetic algorithm）非常适合解决我们刚刚提到的问题。它可以根据限制条件不断地迭代返回更优的定长数组（比如 25 个客人的编号）。遗传算法首先生成一些随机解，称为初始种群，然后逐步迭代出更好的解。遗传算法受达尔文进化论的启发，将问题的解视为种群，问题的限制条件对应自然选择。每一轮迭代对上一轮的结果进行微调，这是模拟进化过程中的基因突变。

遗传算法不断产生新种群。它根据限制条件从上一代结果中选择比较好的解**配对**（breed）以产生新种群。新种群由**亲代解**（parent）结合产生。

---

[1] http://www.perfecttableplan.com/html/genetic_algorithm.html

以投资问题为例，如果投资组合包含债券、不动产、外汇、股票，那么可以将一个亲代解中债券和不动产的配置和另一个亲代解中外汇和股票的配置结合起来生成新的解。而对于排座问题，如果简单地将两桌客人互换，新种群中很容易出现上一代种群中出现过的解，所以还需要用其他办法避免这种情况。除了将两个解结合之外，遗传算法还会不断让解发生**突变**（mutation），例如调换两个客人的位置，其他保持不变。突变对解的影响有好有坏，它可以让我们在寻找最优解的过程中有更多的可选解。

选择亲代解的方式很多，比较常见的是锦标赛选择法和转轮赌选择法。本章使用转轮赌选择法。锦标赛选择法将在第 9 章介绍。本章学习编写一个简单的遗传算法，我们还会学习单元测试中的一种常用方法：**突变测试**（mutation testing）。

现在，假设上方开口的纸口袋底部有一门小小的加农炮，它可以向各个方向以不同的速度发射炮弹。有哪些方法能让炮弹射到口袋外面呢？

- 用数学方法找到能使炮弹落在口袋外面的角度和速度。这是可行的，但是对我们学习遗传算法没有帮助。
- 用穷举法尝试所有可能性。可行，但是非常耗时。
- 用遗传算法迭代找出合适的角度和速度组合。

3.1 发射炮弹
Your Mission: Fire Cannonballs

我们要为炮弹问题设计遗传算法。首先要考虑炮弹的运动轨迹，以及哪条运动轨迹是最好的。这两个问题可以用来确定遗传算法的约束条件。

显然，炮弹有两种发射方式：垂直向上发射和以某个仰角发射。如果炮弹垂直向上发射，那么它会落回来，肯定无法落到口袋外面。如果炮弹以某个仰角发射，它会形成一条抛物线（垂直方向受重力作用，水平方向速度保持不变）。

图 3.1 展示了几枚炮弹轨迹。灰色区域代表纸口袋，它左右两侧是封闭的，炮弹只能从上方的开口射出去。其中一枚炮弹射出后很快就落地了，然后滚到了口袋右侧停下。还有两枚炮弹打在了口袋右侧。只有一枚炮弹发射角度合适，速度够快，射到了口袋外面。

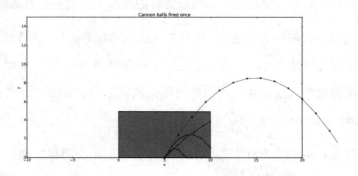

图 3.1　几枚炮弹轨迹

不难看出，炮弹轨迹与口袋侧边（及其延长线）的交点位置越高，射出去的可能性越大。交点高出口袋上方开口的高度就意味着炮弹射出了口袋。我们可以将交点高度作为一个约束条件。下面我们来看看怎样用数学公式描述炮弹轨迹。

炮弹在特定时间（t）的坐标可以用初始速度（v）和发射角度（θ）表示。速度单位为米/秒，角度单位为弧度，重力加速度（g）——地球上的重力加速度大约是 9.81 米/秒^2。炮弹发射后的坐标(x,y)可用如下公式表示：

$$x = vt\cos(\theta)$$
$$y = vt\sin(\theta) - \frac{1}{2}gt^2$$

什么是弧度

Python 中的三角函数使用弧度作为单位。如图 3.2 所示，当箭头指向右侧且与横轴重合时，箭头与横轴夹角的弧度为 0，随着箭头以坐标原点逆时针转动，弧度逐渐增大。当箭头转满一周时，弧度为 2π，对应 360°。我们可以算出，1 弧度等于 180°/π，1°等于 π/180 弧度。弧度的引入使得某些数学运算更简单。在 Python 中，你可以使用弧度转换函数将角度转为弧度，或者直接使用弧度。

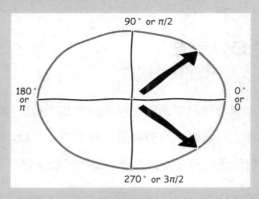

图 3.2　弧度与角度

使用遗传算法的第一步是对问题进行编码。具体来说，描述炮弹的轨迹需要用到角度和速度，这两个数的组合就是一个编码。在投资问题中，债券、不动产、外汇、股票的金额可以构成四个数的编码。在排座问题中，可以把数组作为问题的编码。编码还可以由字母或字符串组成。总而言之，任何可以用定长编码作为解的问题都可以用遗传算法来解决。

首先，遗传算法会生成一些随机编码，然后带入公式中。例如在排座问题中，算法会先生成一个随机的数组，数组的长度等于客人人数。对于炮弹问题，遗传算法先生成一些随机的角度和速度组合（初始种群），然

后据此生成新的组合。算法会从亲代解中选择比较好的解进行配对以产生
新的解。两个亲代解结合产生一个新的解:新的解中一些数来自一个亲代,
而剩下的数来自另一个亲代。这一过程叫做**交叉**(crossover)。它模拟了有
性繁殖中亲代 DNA 结合的过程。

遗传算法还模拟了基因突变。以炮弹问题为例,算法会在配对过程中
对角度或速度随机进行微调。交叉和突变使得角度和速度的组合有更多的
变化,它们增加了我们找到最优解的可能性。

3.2　解的生成方法
How to Breed Solutions

现在,我们知道炮弹问题的解可以用两个数(角度和速度)的形式表
示。我们先随机挑选几组解作为初始值。有了初始值后,通过迭代配对生
成更好的解。我们还会用到交叉和突变。最后我们还会学习单元测试。

3.2.1　算法的初始化
Starting Somewhere

遗传算法需要一些初始解(例如角度与速度的组合)进行迭代。初始
值可以任意选择,遗传算法会在迭代过程中抛弃那些不合适的解。尽管如
此,你还是可以根据已知条件去掉那些不合适的解。例如,如果炮弹的发
射速度为 0,那么它肯定射不出口袋,这样的初始值可以直接排除。

那么发射角度呢?小于 $0°$ 和大于 $180°$ 的角度显然无法发射成功,所以
合理的发射角度应该在 $0°$ 到 $180°$ 之间,用弧度表示是 0 到 π。

需要多少初始解呢?至少要有一个,一般是几个。我们可以从少数解
开始,根据需要再增加数量。有了这些初始解之后,剩下的就可以交给遗

传算法了。它会不断从上一次的结果中挑出最好的结果,并将这些结果重新组合进行下一次迭代。

3.2.2 算法的迭代
For a While...

初始解是随机生成的,也称为**初代解**(first generation)。遗传算法以初代解为基础,逐渐生成更好的解。它的工作机制是在某种引导下开展随机搜索,也称为启发式搜索,代码形式如下:

```
generation = random_tries()
for a while:
  generation = get_better(generation)
```

我们今后会频繁使用这种启发式搜索。它借助启发法和适应度函数不断优化调整随机生成的解。

迭代轮数由具体情况决定。你可以事先确定迭代轮数,或者设置成找到足够好的解就停下来,甚至设置成搜索到第一个可用解就停下来。机器学习算法没有标准的终止条件,具体问题要具体分析。以排座问题为例,我会让算法运行几个小时,然后看结果如何。

3.2.3 如何让解变得更好
How to Get Better

遗传算法使用启发法评估当前种群中的个体。其中比较好的一些解会用来生成新一代解。这借鉴了达尔文的进化论:适应环境的亲代会产生更适应环境的子代。

为了选出适应能力更好的亲代,遗传算法需要一种机制比较不同的解。在排座问题里,可以将满足若干约束条件的多少作为比较指标。在投资问题里,可以将收益作为比较指标。那么在炮弹问题中什么样的角度与速度组合才是好的呢？比较方法很多，我们看其中两种：第一种只看这个组合能否让炮弹落在口袋外面，第二种是对每一代中的组合进行排序，找出最好的。

第一种方法检查每一颗炮弹的轨迹，看炮弹是否落在了口袋外面。第二种方法则通过数学运算算出炮弹飞出去的高度（参见图3.1）。

两种方法各自给出了衡量解的可行性的标准。这个标准将引导算法生成更好的解，启发式搜索就是这样实现的。第一种方法的比较函数返回一个布尔类型值，代表炮弹是否落在口袋外面。第二种方法的函数返回值是炮弹与口袋侧边（及其延长线）交点的截距 y。根据这个截距进一步算出得分，落到口袋外面的可能性越高，得分越高。

那么这两种方法哪个更好呢？我们来分析一下。如果一颗炮弹差一点儿就飞出了口袋，第一种方法会判定失败，而第二种方法会把"差一点儿"这个信息传递给后代，在突变函数的作用下，后代有可能突破这"一点儿"飞出口袋。

接下来，我们将交点高度（截距 y）作为炮弹算法的适应度。所有的遗传算法都需要启发式算法和适应度函数。稍后，我们会一步一步实现亲代选择、配对和突变，最终得到可用的遗传算法。

3.2.4　最终决策
Final Decisions

现在，你已经了解遗传算法的大致机制：从随机的初始值开始，在适应度函数的引导下不断迭代搜索。除此以外，遗传算法还需要事先定义一些参数才能运行，比如迭代轮数。如果想看到算法达到较好的优化效果，就需要较多的迭代轮数。当然，你还可以设置其他迭代停止条件，但是事先设置迭代轮数最简单，我们将它作为首选方法。

另外一个需要确定的是种群大小，它对算法的影响很大。种群数不能太小，否则有可能无法完成配对。也不能太大（比如 100 万），那样会造成浪费（也许其中只有 10 个解是可用的）。一般来说，可以选一个不大不小的数，然后根据具体情况调整。

先试试有 12 个解的种群，迭代 10 轮。算法的核心代码如下：

```
items = 12
epochs = 10
generation = random_tries(items)
for i in range (1, epochs):
  generation = crossover(generation)
  mutate(generation)
display(generation)
```

所有遗传算法的核心代码都是类似的：从随机初始值开始，然后不断迭代改进。随着学习的深入，你会发现很多机器学习的算法都采用这种形式。不同算法之间的区别更多来自于解的改进方法。接下来，我们将实现交叉和变异，并用 Matplotlib 画出炮弹轨迹。

3.3 发射炮弹
Let's Fire Some Cannons

上一节末尾的代码使用 `random_tries` 函数生成初始种群，用 `crossover` 函数产生下一代种群，然后用 `mutation` 函数让新产生的种群发生变异，以保证种群的多样性。`crossover` 函数和 `mutation` 函数的具体行为由具体问题决定。举例来说，在炮弹问题中，交叉函数（crossover）会从亲代中选取不同的角度和速度进行组合，而突变函数（mutation）会对数值进行微调，增加解的多样性。在排座问题中，交叉函数会把两个座次表拆开重新组合（要避免同一个座位同时分配给两个客人的情况），而突变函数会交换两个客人的位置。

遗传算法可以单独使用交叉函数和突变函数，但是将这两个函数组合使用效果更好。接下来，我们先为炮弹问题生成初代解，然后借助适应度函数生成新的解。你还可以让这些解发生突变。

3.3.1 随机初始化
Random Tries

首先，炮弹问题需要一个初始种群。这个种群可以用列表表示。创建列表，并向其中随机添加角度和速度的组合。我们用变量 theta 表示角度，v 表示速度。合理的发射角度在 0 到 π 之间，否则就会向地面开火；速度应该大于 0，不然炮弹不会动。

我们使用 Python 自带的 random 包生成列表：

```
def random_tries(items):
  return [(random.uniform(0.1, math.pi), random.uniform(2, 20))
    for _ in range(items)]
```

这样炮弹问题便有了一个初代解的列表。对排座问题来说，初代解列表可以是各种座位排列。对投资问题而言，初代解列表可以是随机生成的各种资产和投资额。不同的问题有不同的初代解，选择合适的列表长度很重要。在初始种群中，有些解会比其他解更好，遗传算法会不断将好的解选为下一代的亲代，让它们进行配对，从而优化结果。

3.3.2 选择过程
Selection Process

那么怎样选择亲代解呢？我们的目标是选择那些更强壮的、适应度更好的解。这与达尔文的进化论是一致的。适应度更好的解会把它们的"基因"传给后代。在炮弹问题里，"基因"指的是角度和速度。

借助适应度函数，遗传算法可以选出较好的解。可是，如果每次都选择同一代中最好的解，可能会导致多次迭代中出现相同的结果，这样也许会影响我们找到更好的解。在后面的小节中，我们会介绍怎样选择比较好的解，而不是总选最好的。无论使用什么样的算法，你的选择都是借助适应度函数实现的。

创建适应度函数

适应度函数是如何做选择的呢？之前我们讨论过两种思路，一种是检查炮弹是否落在了口袋外面，这种方法会忽略那些接近成功的解；另一种思路是检查炮弹与口袋侧边（及其延长线）的交点高度（截距 y），这种方法可以规避前者的问题。遗传算法可以通过第二种思路优化自己。接下来看看如何计算这个高度。

首先，炮弹的 x 轴坐标可以这样计算：

$$x = vt\cos(\theta)$$

已知纸口袋的宽度，就可以算出炮弹何时到达侧边。有了到达侧边的时间 t，就可以算出 t 时刻的高度 y。假设大炮位于一个宽度为 10 单位的口袋底部中央（参见图 3.1）。将口袋底部左侧设置设为坐标原点 $(0, 0)$，那么炮弹的横坐标为 0 或 10 时，就意味着它到达了侧边。炮弹从底部中央发射，那么它只要向左或向右运动 5 单位长度就可以到达侧边。如果炮弹向右发射，即发射角小于 $90°$，那么它在水平方向运动 5 个单位长度到达侧边的时间为：

$$t = 5/(v \times \cos(\theta))$$

v 和 theta 是已知量，不难求出 t。向左发射时同理。求出时间 t 之后，高度的计算公式为：

$$y = vt\sin(\theta) - \frac{1}{2}gt^2$$

我们来看一下具体的代码：

```
Boom/ga.py
def hit_coordinate(theta, v, width):
  x = 0.5 * width
  x_hit = width
  if theta > math.pi/2:
    x = -x
    x_hit = 0
  t = x / (v * math.cos(theta))
  y = v * t * math.sin(theta) - 0.5 * 9.81 * t * t
  if y < 0 : y=0.0
  return x_hit, y
```

我们可以直接将返回值 y 作为适应度，y 越大越好。我们还需要一个
escaped 函数来判断炮弹是否离开了口袋：

```
Boom/ga.py
def escaped(theta, v, width, height):
  x_hit, y_hit = hit_coordinate(theta, v, width)
  return (x_hit==0 or x_hit==width) and y_hit > height
```

适应度函数的用法

有了初代解和适应度函数之后，我们可以看看怎样选择亲代了。最直
接的办法是选两个最好的解作为亲代，但是为了让算法探索更多的可能性，
我们要选一些没那么好的解。一种办法是对当前的种群排序，然后从排序
靠前的几个里随机选两个。突变函数会增加种群的多样性。另一种方法是
随机选一些解（多于两个），让它们竞争，然后选出胜者作为亲代。这种
方法叫做**锦标赛法**（tournament），第 9 章会详细介绍。使用排序法和锦标
赛法进行选择时，需要确定一个参数——被选数量。还有一种方法不需要
这个额外的参数。

这种方法叫做**比例选择**（proportionate selection），即把适应度转化为概率，适应度越高，被选中的概率越大。这种方法不需要对解的适应度进行排序，运算速度更快。实现它最简单有效的算法叫**转轮赌选择法**（roulette wheel selection）。这种方法也有一些缺点，例如无法处理负的适应度，以及在一个解远好于其他解时提前收敛而无法找到更优解。不过它简单易行，成功率可以接受，所以经常使用。我们看看它的用法。

一个标准的转轮上有大小均匀的格子，球落入每一个格子的机会是相同的。如果这些格子大小不一样，那么球落入较大格子的机会就更大。我们可以用适应度（本例中是截距 y）来设置大小不同的"格子"。适应度更高的"格子"更容易被选中，而所有"格子"都有被选中的机会。比起只选择适应度最高的解，这种方式有更好的多样性。

我们用 4 条炮弹轨迹的截距 y 做一个"转轮"。适应度为 0 表示炮弹压根就没有碰到侧边。我们还把适应度累加起来（见表 3.1）。

表 3.1 适应度及累加

解的编号	适应度	适应度累加
1	15	15
2	1	16
3	8	24
4	6	30

接下来，用适应度的值画一个饼图（也就是不均匀的"转轮"）。这些解的适应度之和为 30，第一片为 15/30，也就是半圆，然后是 1/30 圆、8/30 圆、6/30 圆，如图 3.3 所示：

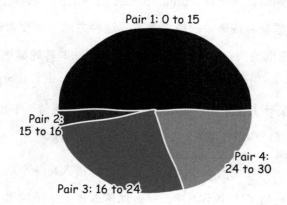

图 3.3 适应度饼图

我们通过随机选择一个 0 到 30 之间的实数来选取其中的一个解——这个过程和转轮赌中球落入格子的过程类似。如果随机数小于 15 就选择 1 号解，以此类推。1 号解占的面积最大，所以它更有可能被选中。代码如下：

```
Boom/ga.py
def cumulative_probabilities(results):
  #Could use from itertools import accumulate in python 3
  cp = []
  total = 0
  for res in results:
    total += res
    cp.append(total)
  return cp #not actually a probability!

def selection(generation, width):
results = [hit_coordinate(theta, v, width)[1] for (theta, v) in generation]
  return cumulative_probabilities(results)

def choose(choices):
  p = random.uniform(0, choices[-1])
  for i in range(len(choices)):
    if choices[i] >= p:
      return i
```

其中，selection 函数将截距 y 添加到一个列表中。之后 cumulative_probabilities 函数将列表中的值求和，生成"转轮"。choose 函数相当于旋转"转轮"，看"球落入哪个格子"，即选取一个随机数，并返回该随机数对应解的编号。

3·3·3 交叉
Crossover

用上面的方法选择两个亲代解后，就可以用 crossover 函数配出新解了。不是所有遗传算法都需要两个亲代解，有些算法用一个就够了，有些需要更多亲代。下面是用两个亲代解交叉配对的代码：

```
Boom/ga.py
def crossover(generation, width):
  choices = selection(generation, width)
  next_generation = []
  for i in range(0, len(generation)):
    mum = generation[choose(choices)]
    dad = generation[choose(choices)]
    next_generation.append(breed(mum, dad))
  return next_generation
```

这里，新一代解（next_generation）和前一代解的数量相同。我们不是必须保持每一代解的数量不变，让每一代解的数量逐渐减少也是可行的。亲代在 crossover 函数运行后就不再起作用了。从亲代中选出几个较好解的方法叫做**精英选择**（elitist selection）。此外，你也可以去掉每一代中最差的几个解，把其余的留下交叉配对。我们将亲代完全替换掉，这种做法最简单。下面看看 breed 函数是怎样实现的。

交叉是把解拆分再重新组合的过程。假设亲代有四个解，选择算法会从中选择两个解，然后一个新的子代解由选中的亲代基因组合而成，如图 3.4 所示：

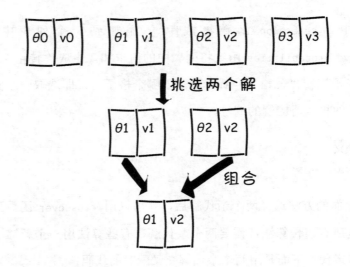

图 3.4　交叉过程

配对时，子代解的角度信息来自一个亲代解，速度信息来自另一个亲代解。如果解包含更多信息，处理起来会更复杂，例如将亲代的信息交错组合或将两个信息块互换。对炮弹问题，我们采用最简单的组合办法：

```
Boom/ga.py
def breed(mum, dad):
  return (mum[0], dad[1])
```

这里，breed 函数只产生了一个子代解。当然你也可以让它返回两个可能的组合。

3.3.4　突变
Mutation

现在我们能够用交叉函数生成新一代解了，但是仅仅这样做还不够，为了增加解的多样性，还需要让种群发生突变。在进化论中，如果突变的个体成功生存下来，那么这些个体将有可能产生适应性更强的后代。

如何在代码中实现突变呢？炮弹问题的解有角度和速度两个值，是只改变其中一个,还是同时改变两个呢?是微调,还是大幅调整呢?以什么样的频率突变呢?有些遗传算法采用恒定突变率,比如每一轮迭代突变的次数保持一致,还有一些算法时不时地抑制突变。

这里我们为突变设置一个概率,让突变平均每 10 次发生一次。每次随机选一个 0 到 1 之间的实数,如果选出的数小于 0.1 就进行突变操作。这种方法叫**概率突变**(probabilistic mutation)。如果每次都突变,则称为**确定性突变**(deterministic mutation)。

那么如何对一个值进行突变呢?一般是加减一个很小的实数,或者乘以很小的缩放比。如果问题的解是由比特位组成的,还可以用翻转来实现突变。如果是排座问题,可以交换座位实现突变。对于实数,既可以每次调整固定大小的值,也可以每次调整随机大小的值。

对炮弹问题的解,在保证角度在 $0°$ 到 $180°$ 之间的情况下,我们给角度加上一个随机数。如果突变产生的解不合适,可以立刻抛弃。对速度而言,使用 0.9 到 1.1 之间的缩放比可以避免速度降为 0。下面是代码:

Boom/ga.py
```python
def mutate(generation):
  #Could just pick one e.g.
  #i = random.randint(0, len(generation)-1)
  # or do all
  # or random shuffle and take top n
  for i in range(len(generation)-1):
    (theta, v) = generation[i]
  if random.random() < 0.1:
    new_theta = theta + random.uniform(-10, 10) * math.pi/180
    if 0 < new_theta < 2*math.pi:
      theta = new_theta
  if random.random() < 0.1:
      v *= random.uniform(0.9, 1.1)
  generation[i] = (theta, v)
```

把上面所有的函数组合起来看看效果。

3.4 算法有效吗
Did It Work?

我们按以下方式运行算法：

```
Boom/ga.py
def fire():
  epochs = 10
  items = 12
  height = 5
  width = 10

  generation = random_tries(items)
  generation0 = list(generation) # save to contrast with last epoch

  for i in range(1, epochs):
    results = []
    generation = crossover(generation, width)
    mutate(generation)

  display_start_and_finish(generation0, generation, height, width)
```

可视化函数具体做什么由你决定。上面代码中，我们画出了初始种群和最后一代种群的炮弹轨迹，以便比较效果。

3.4.1 画图
Plotting

我们采用 Matplotlib 绘图包画炮弹轨迹。Matplotlib 可以用 Python 包管理器 pip 安装[2]：

```
pip install matplotlib
```

导入 matplotlib 中的 pyplot 模块：

```
import matplotlib.pyplot as plt
```

要显示结果，我们需要把数据点绘制到一个轴域 axes 中，方法为

---

[2] https://matplotlib.org/faq/installing_faq.html#how-to-install

plt.axes()。要同时绘制两个图表，用 fig.add_subplot(2,1,1)画出第一行第一列，用 fig.add_subplot(2,1,2)画出第一行第二列。

决定好口袋的高度 height 和宽度 width 后，将这两个值连同你想绘制的某一代数据传递给 display 函数：

Boom/ga.py
```python
def display(generation, ax, height, width):
  rect = plt.Rectangle((0, 0), width, height, facecolor='gray')
  ax.add_patch(rect)
  ax.set_xlabel('x')
  ax.set_ylabel('y')
  ax.set_xlim(-width, 2 * width)
  ax.set_ylim(0, 4.0 * height)
  free = 0
  result = launch(generation, height, width)
  for res, (theta, v) in zip(result, generation):
    x = [j[0] for j in res]
    y = [j[1] for j in res]
    if escaped(theta, v, width, height):
      ax.plot(x, y, 'ro', linewidth=2.0)
      free += 1
    else:
      ax.plot(x, y, 'bx', linewidth=2.0)
  print("Escaped", free)
```

代码首先用 Matplotlib 的 Rectangle 函数画出高为 height、宽为 width 的矩形（代表纸口袋），坐标原点（0,0）在矩形的左下角。第 6 行代码将横坐标的范围设为-width 到 2*width。第 7 行代码将纵坐标的范围设为 0 到 4 倍口袋高度。这样一来能确保炮弹在离开口袋后是可见的。

escape 函数判断炮弹是否离开了口袋，我们可以根据 escape 函数的返回值对好的解和不好的解进行差异化显示。第 14 行代码用红色圆圈'ro'表示好的解，第 17 行代码用蓝色的叉'bx'表示不好的解。

第 9 行的 launch 函数使用角度和速度计算每一代中每个解的轨迹。这个函数在(0.5*width, 0)处发射炮弹，每秒记录一次炮弹的位置，直到炮弹击中口袋侧边或飞出口袋。

```
Boom/ga.py
def launch(generation, height, width):
  results = []
  for (theta, v) in generation:
    x_hit, y_hit = hit_coordinate(theta, v, width)
    good = escaped(theta, v, width, height)
    result = []
    result.append((width/2.0, 0.0))
    for i in range(1, 20):
      t = i * 0.2
      x = width/2.0 + v * t * math.cos(theta)
      y = v * t * math.sin(theta) - 0.5 * 9.81 * t * t
      if y < 0: y = 0
      if not good and not(0 < x < width):
        result.append((x_hit, y_hit))
        break
      result.append((x, y))
    results.append(result)
  return results
```

你可以记录有多少解是好的，或者把每轮中最好的解画出来。我们用
subplot 画出初始种群和最后一代种群的轨迹，代码如下：

```
Boom/ga.py
def display_start_and_finish(generation0, generation, height, width):
  matplotlib.rcParams.update({'font.size': 18})
  fig = plt.figure()
  ax0 = fig.add_subplot(2,1,1) #2 plots in one column; first plot
  ax0.set_title('Initial attempt')
  display(generation0, ax0, height, width)
  ax = fig.add_subplot(2,1,2) #second plot
  ax.set_title('Final attempt')
  display(generation, ax, height, width)
  plt.show()
```

每一次的运行结果可能不同，但是你会发现炮弹几乎总能飞出口袋落
在外面。如果初始种群中有炮弹向右发射并且成功落在了外面，那么后代
种群也会倾向于向右发射，反之亦然。当然也会出现左右都有的情况。图

3.5 的最终种群全部轨迹都向右。

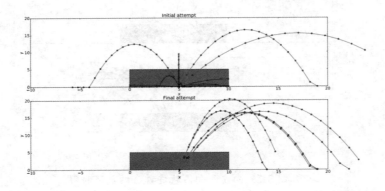

图 3.5　全部轨迹向右的最终种群

还可能出现全部轨迹向左的情况（见图 3.6）。

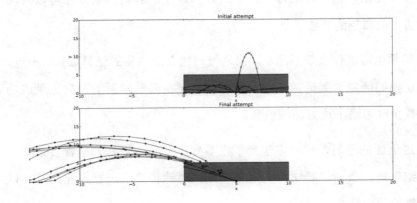

图 3.6　全部轨迹向左的最终种群

还可能像图 3.7 那样，向左和向右的轨迹都有。

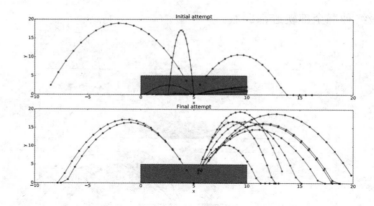

图 3.7 向左和向右轨迹都有的最终种群

3.4.2 记录
Counting

你甚至可以将每一代的结果都保存下来，生成动画，看看遗传算法是不是学会了优化；也可以把每一代中最好和最差的解画出来；还可以只画那些成功飞出口袋的轨迹。

当然你也可以什么都不画，只记录每一代飞出口袋的炮弹数量。不过，画图能让我们清楚看到炮弹是向左发射的，还是向右发射的，只记录成功的炮弹数量则忽略了这方面的信息。

通过上面的学习，你一定想到了很多好点子。这很好！尽管尝试吧。在本章结束前，我们还要学习利用突变测试对遗传算法进行单元测试，以及遗传算法的变体。

3.4.3 突变测试
Mutation Testing

评价代码好坏的方式之一是对代码进行测试。突变测试可以对这些测试进行测试——你可以称之为"元测试"。突变测试改变你的原始代码，并报告原本的测试是否仍然可以通过。

我们不希望测试在代码中有一些低级错误的情况下可以通过，比如加减号搞错、大于号写成小于号、常数改变，或是不小心进入 break 和 continue 分支这类错误。出现这些情况，我们希望测试会失败。如果这样测试还能通过，那就出大问题了！在恶意修改代码的情况下所有测试仍然能够通过，也许是因为我们的测试覆盖率还不够，有专门的测试覆盖率工具解决这个问题。然而在覆盖率足够的情况下，恶意修改代码后测试能够通过，一定是代码中有马虎的地方。

要进行突变测试，首先要准备自动化运行的测试套件。然后用突变测试对代码进行突变操作。如果测试失败或程序崩溃，那么这个突变就不再继续使用了。如果突变后测试通过了，你就需要仔细检查代码。我们希望所有的代码突变都会让测试失败或程序崩溃。突变可以是很简单的改变（例如改变运算符号或常数），也可以很复杂（例如改变循环的运行顺序）。还有一些更高级的突变方法改变代码的抽象语法树。

很多编程语言都有突变测试包。Cosmic Ray[3]是 Python 众多突变测试包中的一个。Austin Bingham 曾做过关于这个测试包的讲座[4]。

如果想对本章代码进行突变测试，你要告诉突变测试器测试的模组 ga，以及测试所在的位置（.代表当前目录），同时告诉突变测试器不要修改测试代码：

```
Boom>cosmic-ray run ga . --exclude-modules=test*
```

突变测试器会报告对算法代码做了哪些修改，并说明修改后的算法代码是否通过了测试，例如：

---

[3] https://github.com/sixty-north/cosmic-ray
[4] https://www.youtube.com/watch?v=jwB3Nn4hR1o

```
Outcome.SURVIVED -> NumberReplacer(target=0) @ ga.py:9
```

以上报告的含义是，将 ga 模组第 9 行代码中的一个数字换成了 0 后，所有测试仍然通过了。第 9 行代码是 random_tries 函数中的一句：

```
theta = random.uniform(0.1, math.pi)
```

在突变后，会出现角度为 0 的初代解。这种情况不应该发生，但是随书代码中的测试并没有检查这种情况。这意味着代码需要更多的测试。尽管原始代码不会生成不可行的角度和速度，但是这些情况从来都没有被测试过。突变测试可以指出这类疏漏。你可以用这种方法找找代码中有没有类似的问题。

3.4.4 遗传算法的变体
Other GA Variations

有一种遗传算法的变体对随机生成的抽象语法树或表达式树进行突变和交叉。这种算法被称作遗传编程，它可以生成程序来解决问题。前面提到的突变测试改变代码的抽象语法树就属于这个范畴。遗传算法的解是定长的，而构造一棵树比找到定长解更复杂。遗传编程也会用到交叉和突变。树的用途更广泛，比如决策树以及用语法树创造程序。

模糊器（fuzzer）是另一种评估代码的方法。它生成随机的输入，试图破坏程序的运行。编译器 llvm 中的模糊器通过生成变体来提高测试覆盖率[5]，它能快速找到 OpenSSL 中的 Heartbleed 漏洞[6]。有一些模糊器借助遗传算法检测代码，而不仅仅依赖随机生成的输入。不得不说，遗传算法和它的变体真的很强大！

---

[5] http://llvm.org/docs/LibFuzzer.html
[6] http://heartbleed.com/

3.5　拓展学习
Over to You

　　通过本章的学习，你已经掌握了用遗传算法解决具体问题的方法。你可以通过改变适应度函数试着解决其他问题，或者调整算法中的参数看看会发生什么。我们来看看还有哪些问题值得思考。

　　大炮倾向于往哪个方向发射炮弹呢？是什么决定了方向呢？这个问题我们会在第 10 章讨论。那么怎样鼓励大炮向某个方向发射呢？我们可以修改适应度函数，在我们想要的方向上设置一个奖励值，或者对另一个方向减分。那么又怎样让最后一代种群同时有两个方向的解呢？

　　你可以在初始种群中加入一些向左的解和一些向右的解，这个办法叫**播种**（seeding）。如果你事先知道问题的一两个可行解，不妨把它们加入到初始种群里。这些解可能不完美，但它们往往会提高求解效率。当然，锦标赛法和转轮赌选择法不一定会选择这些解，这时，你可以在配对后将这些解加入到新生成的种群中，提高它们被用的机会。

　　另外，你可以试着改变新生代的数量。如果解的质量没有提高，可以试着生成更多的解；如果解的质量在不断提高，或者你想找到一个具体解，可以逐步减少子代的数量。动手试试，看看会发生什么。当然了，如果想保证最终种群里既有向左的解，也有向右的解，那么种群的大小至少应为 2。

　　你还可以调整各种参数，比如口袋的尺寸、种群大小、突变率等。想一想，如果减小种群大小，是否需要更多的迭代轮数？有没有可能最终种群的所有解都是可用的？

　　本章学习了机器学习的核心概念，包括通过迭代获得更好结果的思想。我们掌握了适用度函数的用法，以及遗传算法特有的交叉和变异。我们还学习了概率突变、突变测试、遗传编程。在接下来的章节，你还会看到更多概率论的应用。

本章运用物理学方程给炮弹的运动建模。第 4 章会介绍不需要物理建模的机器学习算法，它使用粒子群优化来提高解的质量。

粒子群算法与遗传算法有相似之处，但又有很大差别。这两种算法都受到生物学启发，都适用于穷举法无法解决的问题，同时，它们都有种群的概念。遗传算法会抛弃适应度不佳的解，而粒子群算法则强调粒子间的协作。

第 4 章

粒子群算法
Swarm! Build a Nature-Inspired Swarm

第 3 章使用遗传算法将炮弹发射到了口袋外面。本章处理的对象是口袋中的粒子，这些粒子在口袋里成群结队地运动。单个粒子在口袋中随机运动是有可能逃出口袋的，而多个粒子集群运动可能会挤在一起。多个粒子逃出口袋的最好方式是在适应度函数的引导下一起运动。这些受引导的粒子逃出口袋的方法叫做**粒子群优化**（particle swarm optimization，PSO）。粒子会共享信息，使得所有粒子都能逃出口袋。在第 3 章，有些炮弹是飞不出口袋的，粒子群算法可以解决这个问题。

k 近邻算法（k-nearest neighbor，KNN）可以将粒子进行聚类，它擅长寻找数据集中类似的数据，常用来做异常检测、音乐和商品推荐，甚至可以将不同的机器学习算法进行聚类，比较异同。KNN 算法使用**距离**（distance）来寻找附近的点。计算距离的方式有很多种，不同的计算方式会影响算法的整体效率。我们将用 KNN 算法控制粒子，让这些粒子协同运动。但是 KNN 算法本身并不能引导粒子逃出口袋。我们还需要其他策略。如果粒子在跟随其他粒子运动的同时，还能受到适应度函数的引导，那么它们是可以形成一个学习系统的。适应度函数判断哪一个方向更容易逃脱，从而引导粒子成群结队地逃出口袋。

粒子群优化算法非常有趣，编写起来也很容易，它属于**群体智能**（swarm intelligence）算法，掌握它能为你学习其他群体智能算法打下坚实的基础。粒子群优化算法像遗传算法一样，也是一种受自然启发的机器学习算法，它也是从随机初始值开始，不断迭代优化结果。粒子群优化算法可以解决多种数值问题——包括高维空间的数值问题。纸口袋是一个二维问题，它可以很容易地扩展到三维。很多问题都需要在更高维的空间中解决。

粒子群优化算法还可以用于动态环境的控制系统，例如控制水箱中的液面高度，以及实时资源分配[1,2]。总之，粒子群优化算法的应用面非常广。

有些问题能用数学方法解决，有些问题则不能。不能用数学方法解决的问题，用随机初始值迭代优化的方式解决不失为一种办法。当然，还有一些机器学习算法使用其他方式，例如**核**（kernel）方法。它用数学方法寻找数据**特征**（feature）来描述数据的模式。无论如何，启发式的随机搜索是一种广泛应用的能够绕开复杂数学建模的方法。

人工神经网络（artificial neural networks，ANN）能解决的问题，KNN 和粒子群优化算法都能解决。除此之外，这两个算法还能处理动态环境中的问题。人工神经网络往往在一个给定的数据集上进行训练，所以环境变化后，它无法适应新模式。举一个不太恰当的动态环境的例子：大型的经常变动的代码库。分析这样的代码库，你会发现不少源文件存在共同特征

1   https://dl.acm.org/citation.cfm?id=2338857
2   https://scholarworks.iupui.edu/handle/1805/7930

（比如都有很多的错误报告，或者很多人修改过同一个文件，等等），这些特征就代表容易出问题的地方。Adam Tornhill 写过一本书《Your Code as a Crime Scene》[Tor15]专门研究代码库的这类特征。他在书中展示了许多不使用机器学习找到代码特征聚类和模式的办法。

4.1 控制粒子群
Your Mission: Crowd Control

遗传算法从随机尝试开始，借助交叉和突变逐步改善随机搜索结果，最终让炮弹射出口袋。像遗传算法一样，粒子群优化算法也是一种启发式的随机搜索。在接下来的任务里，我们会用 JavaScript 在 HTML5 的 canvas 元素中画图。

首先，我们要掌握怎样在 canvas 中移动单个粒子。然后，考虑怎样借助 KNN 算法让粒子跟随临近的粒子运动。最后，把 KNN 算法合并到粒子群优化算法中，让所有粒子逃出纸口袋。我们还要让粒子在运动过程中共享信息。

4.1.1 移动单个粒子
A Single Particle

第一步，我们在 HTML 页面中准备一个 canvas 元素，以及用于在纸口袋中创建单个粒子的按钮：

Swarm/paperbag.html
```
<html>
  <head>
    <title>Particles escaping a paper bag</title>
    <script type="text/javascript" src="paperbag.js"></script>
  </head>
  <body>
```

```
<h1>Can we program our way out of a paper bag?</h1>
<h2>using one particle moving at random</h2>
<canvas id="myCanvas" width="600" height="600">
  Your browser does not support the canvas element.
</canvas>
<br>
<p id="demo">Let's try</p>
<button type="button" id="Go" onclick="init()">Start</button>
</body>
</html>
```

HTML5 的画布

　　并非所有浏览器都支持 canvas 元素，因此有必要在浏览器不支持 canvas 时显示一条提示。通常，最新版本的 Firefox、Chrome、Safari、Edge 浏览器都支持 canvas。

　　按钮（button）的 onclick 事件调用了 JavaScript 代码中的 init 函数。该操作在口袋中央创建了一个 particle 实例。我们使用 setInterval 函数不断地调用 update 函数来移动粒子。clearInterval 会移除定时器，这样在定时器开始后，id 大于 0 时，再次点击按钮可以停止粒子的运动：

```
Swarm/paperbag.js
var id = 0;
function Particle(x, y) {
  this.x = x;
  this.y = y;
}

function init() {
  var c=document.getElementById("myCanvas");
  var particle = new Particle(c.width/2, c.height/2);
  if (id === 0) {
    document.getElementById("Go").innerHTML="Stop";
    id = setInterval(function() {
      update(particle);
      },
```

```
      100);
  }
  else {
    clearInterval(id);
    document.getElementById("Go").innerHTML="Start";
    document.getElementById("demo").innerHTML="Success";
    id = 0;
  }
}
```

要想让粒子的移动速度变快，可以将 setInterval 中定时器的间隔从 100 毫秒调成更小的值。或者，你可以不用 setInterval，而用 setTimeout 定义何时调用函数[3]。

以下是移动粒子并重绘 canvas 的 update 函数。我们用 draw 函数的返回值判断粒子是否逃脱。如果逃脱了，就重置整个过程并调用 init 重新初始化。

Swarm/paperbag.js
```
function update(particle) {
  move(particle);
  if (!draw(particle)) {
    init();
  }
}
```

move 函数让粒子在水平和竖直方向移动随机的长度：

Swarm/paperbag.js
```
function move(particle) {
  particle.x += 50 * (Math.random() - 0.5);
  particle.y += 50 * (Math.random() - 0.5);
}
```

JavaScript 自带的 Math.random 方法会返回一个 0~1 的随机数。如果不调整，move 函数只会让粒子向右或向下移动（距离小于 1 个像素）。将随机数减去 0.5，它的范围就变成了-0.5~0.5，这样粒子就可以在各个方向上移

---

[3] https://stackoverflow.com/questions/729921/settimeout-or-setinterval

动了。再将结果乘以 50，粒子的移动范围就变成了-25~25，远大于 1 个像素了。这个移动距离对长宽各为 600 的 canvas 来说是合理的。你可以试试其他缩放比例。接下来，用 draw 函数绘制口袋和粒子的运动：

```
Swarm/paperbag.js
function draw(particle) {
  var c=document.getElementById("myCanvas");
  var ctx=c.getContext("2d");
  ctx.clearRect(0, 0, c.width, c.height); //clear
  ctx.fillStyle="#E0B044";
  bag_left = c.width/3;
  bag_top = c.height/3;
  ctx.fillRect(bag_left, bag_top, c.width/3, c.height/3); //draw bag
  ctx.beginPath();
  ctx.rect(particle.x, particle.y, 4, 4);
  ctx.strokeStyle="black";
  ctx.stroke(); //draw particle
  return in_bag(particle,
    bag_left, bag_left+c.width/3,
    bag_top, bag_top+c.height/3);
}
```

上述代码用 getElementById 从页面 document 中获取 canvas 对象，然后使用 getContext 获取 canvas 的上下文对象（context object），即 ctx。有了 ctx 之后，clearRect 先清空整张画布，然后下面的代码依次画出代表口袋的矩形和一个前面定义过的粒子。

绘制矩形的方式很多。这里，我们先用 fillRect 画了一个矩形代表纸口袋，其长宽分别为画布长宽的三分之一，填充色为#E0B044，由 fillStyle 定义。然后，用空心矩形 rect 代表粒子，用 strokeStyle 定义了矩形四边的颜色。

画完后（见图 4.1），检查一下粒子是否在口袋里面。注意 y 轴的 0 点在上面，坐标向下增加。我们用 in_bag 函数检查粒子是否在口袋里面。只要粒子的 y 坐标在 top 与 bottom 之间，x 坐标在 left 与 right 之间，它就在口袋里面，反之就算逃出了口袋。

Swarm/paperbag.js
```
function in_bag(particle, left, right, top, bottom) {
  return (particle.x > left) && (particle.x < right)
         && (particle.y > top) // smaller is higher
         && (particle.y < bottom);
}
```

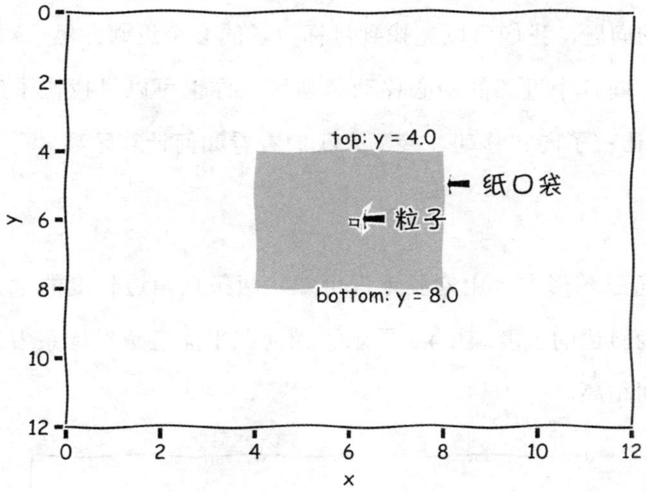

图 4.1　画好的纸口袋和粒子

　　现在，粒子可以在口袋里随机移动，只有逃出口袋才会停下来。从理论上讲，粒子可能永远逃不出去；或者需要很长时间才能逃出去。如果嫌慢，可以修改 setInterval 的参数，加快粒子的移动速度。

4.1.2　移动多个粒子
Multiple Particles

　　现在我们可以添加更多粒子了。第一个粒子继续随机移动，其他粒子虽然也会随机移动，但是它们会向相邻的粒子靠拢。要找到每个粒子最相邻的粒子，需要测量粒子间的距离。测距方式会影响算法的结果。

KNN 算法会找到离目标最近的前 k 个邻居。它需要事先设置两个参数才能工作：近邻的个数（即 k 值），以及对"近邻距离"的定义（直线距离、消耗的能量等）。

近邻的个数 k 需要根据具体问题选择，常用的 k 值设置在 3~10。对于逃脱口袋的问题，我们可以先找到目标粒子的 k 个近邻，然后对距离排序，让目标粒子向几个近邻的中心移动。当然，你也可以只找粒子最近的邻居（k=1），让粒子向它移动。接下来我们看看如何计算距离。

计算距离

在直角三角形中，由勾股定理可知，两条直角边长度的平方和的算术平方根即为斜边的长度。图 4.2 展示了如何在平面直角坐标系中使用勾股定理求两点间距离。

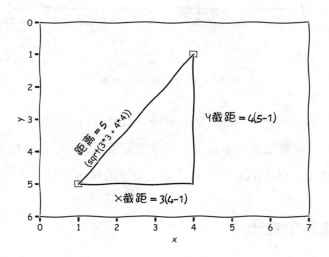

图 4.2　用勾股定理求两点间距离

这一平面距离也称为欧几里得距离（简称欧氏距离）。若两点坐标分别为(x_1, y_1)和(x_2, y_2)，则这两点间的距离可以表示为：

$$\sqrt{(x_1-x_2)^2+(y_1-y_2)^2}$$

这是平面上两点间的直线距离。在其他类型的空间（例如曲面空间）中，需要重新对距离进行定义。因为在这些空间中，"三角形"的定义和平面上的定义是不同的。图 4.3 展示了几种不同空间中的三角形。

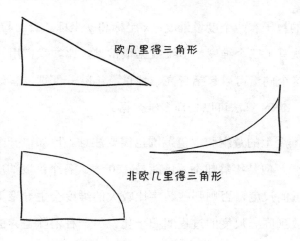

图 4.3　几种不同空间中的三角形

一般来说，距离就是一种度量。如果用 f 表示度量函数，那么它有以下四个性质：

- 度量总是非负的；

- 一个点到它自身的度量为 0；

- x 点到 y 点的度量等于 y 点到 x 点的度量；

- a 点到 c 点的度量 $f(a,c) \leqslant f(a,b)$与 $f(b,c)$之和：即两点之间直线最短。

很多函数都满足以上四点性质，它们都可以用作度量函数。度量的选择会影响 KNN 算法的表现。

聚类的计算

KNN 算法属于通用型聚类算法，它会将类似的个体划分到一簇或一组。算法的输出取决于你设置的聚类数量、距离函数、数据的编码（encoding）。

我们的粒子有两个度量维度：x 坐标和 y 坐标。若给粒子加上 z 坐标，那么它们就有了三个维度。多维数据很常见，比如我们用一个向量描述人的特征，这个向量可以包括身高、体重、年龄、性别、喜好、家庭地址等多个维度。KNN 算法可以处理多维数据。

每个维度上的量纲和取值范围也需要注意。比如，一个人的身高可能是 180 厘米，但是年龄却不太可能是 180 岁。各个维度的度量和单位需要缩放到相近的尺度，否则那些数字比较大的维度会主导聚类的结果。将各个维度缩放到同一尺度的过程叫归一化。另一种消除差异的方法是通过缩放和平移，让数据符合标准的统计学模型。这些操作都是属于数据**预处理**（pre-processing）。数据预处理包含的内容非常丰富，感兴趣的读者可以阅读 Python 机器学习库 scikit-learn 中的相关文档[4]。

在实际应用中，有些维度的特征可能不是数值类型。例如，地址既可以表示为数值型的 GPS 坐标，也可以表示为字符型的门牌街道描述。不同的数据类型需要不同的度量方式，这在机器学习中很常见。

我们来看一个例子。假设要做一个调查问卷，调查读者是否喜欢一系列图书。针对每一本书，读者可以选喜欢（用 1 表示）或不喜欢（用 0 表

4　http://scikit-learn.org/stable/modules/preprocessing.html

示）。收回的问卷答案是一个一个的列表（如[0,1,0,0,...], [1,0,1,1,...], [0,0,1,1,...]）。我们希望将喜好相近的读者放到一个聚类里。要把这些数据画出来进行人工分类可不容易！KNN 算法很适合解决这个问题。注意这些列表都是由 0 和 1 组成的，我们可以依次比较两个列表的每一位是否相同，然后统计不相同的位的数量，将这个数量作为两个点之间的距离。这个距离叫做**汉明距离**（Hamming distance）。[0,1,0,0]与[1,0,1,1]每一位都不同，所以它们的汉明距离是 4。[1,0,1,1]与[0,0,1,1]只有一位不同，所以它们的汉明距离是 1，这意味着它们离得更近，更相似。

聚类可以用来分析数据。数据中那些没有聚在一起点称为**离群点**（outlier）。聚类是一种**非监督**（unsupervised）机器学习算法，它不能根据输入做出预测，也不能作为一个模型解决问题。但是作为一种分析数据的工具，它是很有效的。

4.1.3　粒子群
A Particle Swarm

KNN 算法可以帮助粒子移动。试想粒子连成一串在口袋里乱转，它们跑出口袋的可能性大吗？不太大。如果允许每个粒子在跟随其他粒子时有一些随机运动，说不定有一两个能跑出去，但更可能的是它们在口袋里乱作一团。要改善这种情况，需要适当引导粒子。

适应度函数可以引导粒子群的运动。我们可以将粒子的 y 坐标作为适应度。假设 y 坐标越大，适应度越好，粒子就会被鼓励往 y 坐标大的方向移动，即往上方的出口移动。众多粒子的随机探索增加了逃出口袋的可能性。如果只有一个粒子，KNN 算法就无法发挥作用。将单个粒子的最好位置信息和所有粒子的最好位置信息结合起来才能形成有效的粒子群算法。

粒子群优化算法属于机器学习中的群体智能算法。群体智能算法种类繁多，稍后我们还会学习其他几种算法。群体智能算法都以**智能体**（agent）为基础构建，比如粒子、蜜蜂、蚂蚁等。智能体探索环境并将信息共享给群体，形成全局信息。只有将个体信息和全局信息结合起来，粒子群才会向**最优**（optimal）点移动。

像遗传算法一样，粒子群优化算法的初始值也是随机的。不同之处在于，它没有交叉和变异，也不需要像炮弹轨道那样的物理模型。如何度量和权衡个体信息与全局的信息对粒子群算法非常关键。

我们已经掌握了粒子群优化算法的基本知识，接下来，先实现一个相互跟随的粒子群，然后让它们逃出口袋。

4.2 粒子群的生成
How to Form a Swarm

你已经掌握了生成单个随机运动粒子的方法，生成更多粒子应该难不倒你。

如果让粒子向近邻慢慢移动，那么不出意外的话，这些粒子会挤在一起。要解决这个问题，我们要改进 move 函数。每个粒子的第一次运动都是随机的，慢慢地，它们的运动会受到自身最好位置信息和粒子群最好位置信息的共同影响。标准的粒子群优化算法会在 move 函数中计算粒子当前速度、到该粒子最好位置的距离、到全局最好位置的距离，加权综合后，决定粒子下一步的运动。

单个粒子的两次运动是有时间间隔的。对多个粒子来说，它们可以一个接一个地分别运动，也可以同步运动。这两种方式我们都会尝试，粒子跟着邻近粒子运动时，采用一个接一个的方式；粒子群运动时，采取同步运动的方式。很多机器学习算法都会像这样有不同的策略选择，往往只有经过尝试才能选出比较好的那一个。

4.2.1 跟随邻近粒子
Follow Your Neighbor

粒子跟随邻近粒子的方式是朝向这些粒子的中心随机挪动一小步。粒子总数和要跟随的邻近粒子数要事先定义。如果通过点击按钮的方式生成粒子，那么很容易控制粒子总数。至于要跟随的邻近粒子数，不妨从 5 开始。如果粒子总数小于五，那就把所有粒子都当成近邻。

这部分的代码和单个粒子的代码很像，只不过在 move 函数中，粒子还会向近邻移动：

```
On click:
  Kick off a particle
  setInterval(update(particle), interval(150))

On update:
  move(particle).randomly()
  neighbors = find_knn(5)
  move(particle).mid_point(neighbors)
  draw()
```

所有粒子同时更新，称为**同步**（synchronous）更新或**批**（batch）更新。而单独更新每个粒子称为**异步**（asynchronous）更新。上述代码为单个粒子的更新，要切换成同步更新，可以在 update 函数中循环更新所有粒子。

随机移动可以保证所有粒子是一直在运动的。要是没有随机移动，粒子们最终会聚在一起。KNN 算法本身不会给粒子任何目标，现在它们只能依靠随机移动，也许要过很久才能逃出口袋。

4.2.2　跟随最好位置
Follow the Best

要让粒子逃出口袋,只有 KNN 算法是不够的,我们还要给粒子群一个目标(适应度)。如果每个粒子能记住它到过的最好位置,同时能够对比所有的粒子的记录,将这二者结合便可以引导粒子移动。那什么是最好位置呢?这取决我们的选择。如果我们选择位置越高越好,那就会鼓励粒子向上移动;当然,你也可以选择向左或向右。我们在适应度函数中选择最高位置为最好位置,以确保粒子能逃出口袋。

确定适应度函数后,算法看上去像这样:

```
Choose n
Initialize n particles randomly
For a while:
  Update best global position (for synchronous)
  Draw particles at current positions
  Move particles (for asynchronous: update global best here instead)
  Update personal best position for each particle
```

你可以选择在所有粒子都逃出口袋后停止循环,也可以在循环运行一定次数后停止。

每个粒子每时每刻都有一个位置(x, y)和一个速度 v。速度既有大小也有方向。将此刻的 x 坐标加上速度 v 在水平方向的分量,可以得到下一时刻的 x 坐标:

$$x_{t+1} = x_t + v_{x,t+1}$$

同理,可以计算出 y 坐标。如果是三维粒子,还要加上 z 坐标。这里我们还是用 HTML5 的 canvas 画图。对高维数据而言,可视化就没这么容易了!

　　每个粒子的速度最初都是随机的。然后，粒子会将个体信息和全局信息综合起来，决定如何移动（计算速度）。每个粒子的最好位置（p）是个体信息，而所有粒子的最好位置（g）是全局信息。我们将 y 坐标作为适应度，y 坐标越大越好，这样粒子一定能逃出去。

　　更新速度的方式是把粒子到个体最好位置的距离、到全局最好位置的距离，以及当前速度三者加权求和。这样会鼓励粒子向个体最好位置和全局最好位置之间的某个方向移动。设当前速度的权重为 w，粒子到个体最好位置的距离的权重为 c_1，粒子到全局最好位置的距离的权重为 c_2，那么下一时刻该粒子 x 方向的速度为：

$$v_{x,t+1} = w * v_t + c_1 * (p_t - x_t) + c_2 * (g_t - x_t)$$

　　同理，可以计算出 y 方向的速度。

　　如果权重 w 为 0，粒子会丢弃之前的速度信息，因为 t 时刻的速度包含了 t-1 时刻的个体信息和全局信息。那样的话，粒子就无法像一个群体一样移动。所以，w 的值最好大于 0。如果 c_1 大于 c_2，那么粒子更倾向于朝着个体最好位置移动，它会探索更多的地方。如果 c_2 大于 c_1，则粒子更倾向于聚在一起。

　　初始随机速度会赋予粒子运动一些多样性，但还不够。我们可以在已有权重的基础上增加随机乘数。例如，可以给 c_1 和 c_2 分别乘上两个随机数 r_1 和 r_2：

$$v_{t+1} = w * v_t + r_1 * c_1 * (p_t - x_t) + r_2 * c_2 * (g_t - x_t)$$

　　假设正方形口袋长宽均为 500 单位，那么这两个随机数比较合理的取值范围是-5 到 5 之间，这样粒子的运动幅度较小。如果取值过大，粒子的运动会严重抖动。缩小随机数的取值范围，可以让粒子群更紧凑。对于其他尺寸的口袋，参数也应该做类似调整。

参数的选择

当你选好的参数解决了一个问题，同样的参数对另外一个问题很可能就不适用了。这意味着机器并没有"学到"任何东西。这是机器学习的一个常见问题，算法很容易在训练数据上过拟合（overfit），以至于在新数据上的表现很差。

前面讲到全局最好位置的同步和异步的两种更新方式，其中异步的更新操作是每个粒子移动后调用一次 update 函数，而同步的更新方式是等所有粒子都移动一遍后再调用 update 函数。除了这两种方式，还有其他更新方式，你可以尽情发挥你的创造力。

4·3 创建粒子群
Let's Make a Swarm

现在知道要做什么了，是时候动手写代码了。KNN 算法和粒子群优化算法都需要 Particles 对象和 move 函数。粒子每一次调用 move 函数移动后，把它们的最新位置画出来，看看是什么样子。

4·3·1 跟随邻近粒子
Follow Your Neighbor

首先要创建一个粒子的数组。每点击一次按钮，向数组中添加一个新

粒子，保存它的序号 index、x 坐标、y 坐标。用 setInterval 移动粒子。为
了能够在特定时间停下来，还要保存当前时间间隔的 id。在口袋中完成粒
子的初始化，代码如下：

```
Swarm/src/knn.js
var bag_size = 600;
var width = 4;
var left = 75;
var right = left + bag_size;
var up = 25;
var down = up + bag_size;
  function Particle(x, y, id, index) {
  this.x = x;
  this.y = y;
  this.id = id;
  this.index = index;
}
var particles = [];
function init() {
  var x = left + 0.5 * bag_size + Math.random();
  var y = up + 0.5 * bag_size + Math.random();
  var index = particles.length;
  id = setInterval(function() {
        update(index);
      },
      150);
  var particle = new Particle(x, y, id, index);
  particles.push(particle);
  document.getElementById("demo").innerHTML="Added new particle " +
index;
}
```

数组中每个粒子都做随机运动，同时 update 函数会让它们向邻近粒子
靠近。注意 update 函数每次只处理一个粒子，也就是异步方式。一旦某个
粒子逃出了纸口袋，就清除计时器，让它停下来。

```
Swarm/src/knn.js
function update(index) {
  var particle = particles[index];
  move(particle);
```

```
    draw();
    if (!in_bag(particle, left, right, up, down)) {
      document.getElementById("demo").innerHTML="Success for particle " +
index;
      clearInterval(particle.id);
    }
}
```

为了寻找近邻，需要算出序号为 index 的粒子到其他所有粒子的距离。
我们可以用勾股定理计算粒子间的欧氏距离。将算出的距离和相应粒子的
序号配好对，然后排序，选出前 k 个序号就可以了。

Swarm/src/knn.js
```
function distance_index(distance, index) {
  this.distance = distance;
  this.index = index;
}
function euclidean_distance(item, neighbor) {
  return Math.sqrt(Math.pow(item.x - neighbor.x, 2)
                 + Math.pow(item.y - neighbor.y, 2));
}
function knn(items, index, k) {
  var results =[];
  var item = items[index];
  for (var i = 0; i < items.length; i++) {
    if (i !== index) {
      var neighbor = items[i];
      var distance = euclidean_distance(item, neighbor);
      results.push( new distance_index(distance, i) );
    }
  }
  results.sort( function(a,b) { return a.distance - b.distance; } );
  var top_k = Math.min(k, results.length);
  return results.slice(0, top_k);
}
```

在 move 函数中让粒子随机运动（现在的步长比本章开始时小）。这样
邻居粒子的位置对粒子的移动影响会更大一些。

Swarm/src/knn.js
```
function move(particle) {
  //first a small random move as before
```

```
//with 5 instead of 50 to force neighbors to dominate
particle.x += 5 * (Math.random() - 0.5);
particle.y += 5 * (Math.random() - 0.5);
var k = Math.min(5, particles.length - 1); //experiment at will
var items = knn(particles, particle.index, k);
var x_step = nudge(items, particles, "x");
particle.x += (x_step - particle.x) * (Math.random() - 0.5);
var y_step = nudge(items, particles, "y");
particle.y += (y_step - particle.y) * (Math.random() - 0.5);
}
```

在 nudge 函数中，我们要找到一个粒子所有邻近粒子的中心点。然后让粒子朝中心点方向移动"一点点"。这里的"一点点"是随机的。求中心点的方法是将所有邻近粒子的坐标求平均值：

Swarm/src/knn.js
```
function nudge(neighbors, positions, property) {
  if (neighbors.length === 0)
    return 0;
  var sum = neighbors.reduce(function(sum, item) {
    return sum + positions[item.index][property];
  }, 0);
  return sum / neighbors.length;
}
```

你可以自己试着调整邻近粒子的数量和具体的距离算法。如果粒子的第一步长度远大于到邻近粒子的距离，那么所有粒子会趋向于独立运动。本章开始时 move 函数里的步长是 50，这里是 5。你可以试试换成 50 是什么效果，或者试试步长达到多长时算法就不好使了，还可以看看 k 值的选择和步长有什么关系。

4.3.2 跟随最好位置
Follow the Best

下面我们来看粒子群优化（PSO）的算法。我们仍然会在 HTML 中实现这个算法。和 KNN 一样，我们点击按钮调用 init 函数建立粒子数组，并在 canvas 中画出来。

```
Swarm/src/pso.js
var id = 0;
function makeParticles(number, width, height) {
  var particles = [];
  var i;
  for (i = 0; i < number; ++i) {
    x = getRandomInt(0.1*width, 0.9*width);
    y = height/2.0;
    var velocity = { x:getRandomInt(-5, 5), y:getRandomInt(0, 5)};
    particles.push ( { x: x,
                       y: y,
                       best: {x:x, y:y},
                       velocity: velocity } );
  }
  return particles;
}
function init() {
  if (id === 0) {
    var canvas = document.getElementById('myCanvas');
    document.getElementById("Go").innerHTML="stop";
    particles = makeParticles(20, canvas.width, canvas.height);
    var epoch = 0;
    draw(particles, epoch);
    var bestGlobal = particles[0]; //or whatever... pso will update this
    id = setTimeout(function () {
        pso(particles, epoch, bestGlobal, canvas.height, canvas.width);
        },
        150);
  }
  else {
    clearInterval(id);
    id = 0;
    var canvas = document.getElementById('myCanvas');
    document.getElementById("Go").innerHTML="go";
  }
}
```

这里的粒子同样有 x、y 坐标。同时，它们还有个体到过的最好位置 best 和速度 velocity。循环采用 setTimeout 的方式运行，我们会在其中调用 pso 函数。

　　粒子初始化时会随机出现在画布 canvas 的水平中线上。初始化方式不是唯一的，你可以选择让粒子出现在画布正中央，但是粒子的运动也会相应改变。速度对粒子的运动影响也很大。如果所有粒子速度初始化为{x:0，y:0}，且它们都处于同一高度，那么它们会左右来回移动。试着改变这些数值，看看会发生什么。

　　粒子的移动发生在 pso 函数中。我们先画出粒子的新位置，再更新个体最好位置：

Swarm/src/pso.js
```
function pso(particles, epoch, bestGlobal, height, width) {
  epoch = epoch + 1;
  var inertiaWeight = 0.9;
  var personalWeight = 0.5;
  var swarmWeight = 0.5;
  var particle_size = 4;
  move(particles,
    inertiaWeight,
    personalWeight,
    swarmWeight,
    height - particle_size,
    width - particle_size,
    bestGlobal);
  draw(particles, epoch, particle_size);
  bestGlobal = updateBest(particles, bestGlobal);
  if (epoch < 40) {
    id = setTimeout(function () {
      pso(particles, epoch, bestGlobal, height, width);
    }, 150);
  }
}
```

　　粒子的运动函数 move 综合了当前位置、个体最好位置和全局最好位置。这几个位置的组合需要一些尝试才能达到最好效果。你可以动手试试改变这些参数。move 函数代码如下：

```
Swarm/src/pso.js
function move_in_range(velocity, max, item, property) {
  var value = item[property] + velocity;
  if (value < 0) {
    item[property] = 0;
  }
  else if (value > max) {
    item[property] = max;
  }
  else {
    item[property] = value;
    item.velocity[property] = velocity;
  }
}
function move(particles, w, c1, c2, height, width, bestGlobal) {
  var r1;
  var r2;
  var vy;
  var vy;
  particles.forEach(function(current) {
    r1 = getRandomInt(0, 5);
    r2 = getRandomInt(0, 5);
    vy = (w * current.velocity.y)
        + (c1 * r1 * (current.best.y - current.y))
        + (c2 * r2 * (bestGlobal.y - current.y));
    vx = (w * current.velocity.x)
        + (c1 * r1 * (current.best.x - current.x))
        + (c2 * r2 * (bestGlobal.x - current.x));
    move_in_range(vy, height, current, "y");
    move_in_range(vx, width, current, "x");
  });
}
```

上面代码中用到了 getRandomInt 函数生成 min 和 max 之间的整数。

```
Swarm/src/pso.js
function getRandomInt(min, max) {
  return Math.floor(Math.random() * (max - min + 1)) + min;
}
```

画粒子很容易,不过要注意我们用画布的高度减去了粒子的 y 坐标值。

这样画布的底部高度为 0,越往上高度值越大,这更符合一般人的直觉。

Swarm/src/pso.js

```javascript
function draw(particles, epoch, particle_size) {
  var canvas = document.getElementById('myCanvas');
  if (canvas.getContext) {
    var ctx = canvas.getContext("2d");
    ctx.clearRect(0, 0, canvas.width, canvas.height);
    ctx.fillStyle = "rgb(180, 120, 60)";
    ctx.fillRect (2.5*particle_size, 2.5*particle_size,
                  canvas.width - 5*particle_size,
                  canvas.height - 5*particle_size);
    var result = document.getElementById("demo");
    result.innerHTML = epoch;
    particles.forEach( function(particle) {
      ctx.fillStyle = "rgb(0,0,0)"; //another way to spell "black"
      ctx.fillRect (particle.x,
          canvas.height - particle.y - particle_size/2,
          particle_size, //width and height of particle - anything small
          particle_size);
    });
  }
}
```

我们在 updateBest 函数中计算个体最好位置和全局最好位置。别忘了，位置越高越好。现在画布底部高度为 0，y 坐标值越大越好。如果让画布顶端的高度为 0，那就需要翻转 best 函数中的符号，因为这时 y 越小越好。

Swarm/src/pso.js

```javascript
function best(first, second) {
  if (first.y > second.y) {
    return first;
  }
  return second;
}
function updateBest(particles, bestGlobal) {
  particles.forEach( function(item) {
    bestGlobal = best(item, bestGlobal);
    item.best = best(item.best, item);
  });
  return bestGlobal;
}
```

我们完成了一个受自然启发的粒子群优化算法。接下来又该总结啦。

4·4 算法有效吗
Did It Work?

KNN 算法如预期一样，一开始，粒子会在初始位置附近跟随彼此运动，如图 4.4 左所示。最终，有一些粒子逃出了口袋，如图 4.4 右所示。

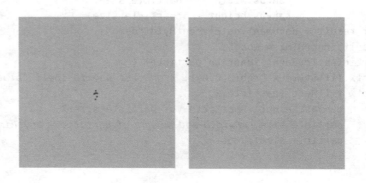

图 4.4　KNN 算法下粒子的运动

最终逃出口袋的粒子数取决于粒子随机移动的速度和设定的邻近粒子数量 k。粒子最终从不同的边界逃出了口袋。这是因为当某个粒子逃出口袋后，它就再是其他粒子的近邻了，这会导致离它最近的粒子在下一步迭代时转到别的方向。KNN 算法作为非监督的聚类算法不是非常适合解决这个问题。另外，总粒子数量也会影响粒子的行为。

我们再来看粒子群优化算法。还记得在代码中设定让粒子随机出现在口袋的中线上吗？这段代码为：

```
x = getRandomInt(0.1*width, 0.9*width);
y = height/2.0;
```

粒子生成后，首先会选择向左还是向右移动，然后随着迭代不断向上移动。这和适应度函数的设计有关，我们让粒子认为向上移动是比较好的。

图 4.5 左图显示一开始粒子随机排列在口袋中线上；中图显示出它们选择向左走；右图显示粒子全部逃出了口袋并到达了左上角。

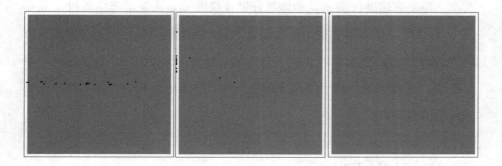

图 4.5　粒子群优化算法下粒子的运动

如果让粒子全部在口袋中心生成，也就是将 x 的初始值改为 width/2，那么粒子会沿着对角线逃出口袋，如图 4.6 所示。你可以试试不同的生成地点会有什么不同的结果。

图 4.6　粒子沿对角线运动

关于这两个算法可以尝试的选项很多。还记得遗传算法有多少参数可以更改吗？轮数、种群大小、突变率，等等。

本章的两个算法也有类似的参数。比如你可以将粒子群的大小设为 20，循环 40 次后停止（当然也可以等粒子都逃出后再停止）。这里虽然没有突变率，但是有速度权重 w，个体最好位置权重 c_1、全局最好位置权重 c_2。当 w 为 0 时，因为粒子初始位置都处于同一高度，所以它们不会做垂直方向的运动。w 大于 0 才能让粒子充分运动起来。c_1 较大时，粒子倾向于独立探索。c_2 较大时，粒子倾向于聚在一起。参数的选择会在相当程度上影响粒子的运动方式。

4·5 拓展学习
Over to You

本章学习了聚类算法以及度量的概念。我们知道了参数越多需要做的选择越多。参数的选择可能会导致模型过拟合，无法适应新的应用场景。

通过修改参数可以改变粒子的运动。我们可以借助适应度函数控制粒子的运动模式。你还可以让粒子向下走，向左走，或者向右走，甚至可以让粒子做圆周或螺旋运动。此外，你还可以试试三维空间的粒子。

粒子群优化算法可以解决许多现实问题。James McCaffrey 写过一篇博客，用粒子群优化算法找到函数最小值[5]。第 10 章会介绍求最小值的方法。

所有群体智能算法的结构都是相似的：从随机的初始化开始，通过迭代将智能体信息与全局信息结合起来做优化。第 5 章将用蚂蚁作为智能体。与本章的粒子报告自己的位置不同，蚂蚁会报告路径信息。新算法同样会共享信息，只不过之前的尝试会被慢慢遗忘。这个新算法适合用来寻找最佳路径、最短路径、成本最低的布置方案之类与空间或状态有关的问题。

---

5 http://msdn.microsoft.com/en-us/magazine/hh335067.aspx

第 5 章

寻找路线
Coloniize! Discover Pathways

第 4 章帮助一群粒子逃出了纸口袋。这一次，想象有一群蚂蚁在口袋内外游荡，寻找食物。蚂蚁四处搜索，一旦找到食物就返回口袋里的蚁巢。如果把食物放在口袋外面，那就相当于鼓励蚂蚁寻找逃出口袋的路。它们会先在口袋里面转悠，然后跑到口袋外面找食物，最后返回。周而复始，蚂蚁最终会发现一条效率很高的路线。显然，如果这条路线径直通向食物，那它就是最短路径。

本章探讨蚁群怎样寻找最优路线，也就是所谓的**蚁群算法**（ant colony optimization，ACO）。蚁群算法和粒子群算法类似，不同之处在于蚁群算法采用**品质函数**（quality function）决定蚂蚁下一步的行动。适应度函数的目标是充分发掘智能体适应环境的能力，而品质函数的目标则是尽量缩短路线或降低成本。蚂蚁也能像粒子那样共享信息。共享信息的方式是为同伴留下足迹以便追踪，这让蚁群算法非常适合解决寻路问题。对于极其复杂的组合（combinatorial）问题，这种算法不一定能找到最优解，但是它能很快找到相对较好的解。蚁群算法甚至能够处理动态问题，比如选择城市的实时导航路线。

机器学习有一个经典问题——**旅行商人问题**（traveling salesman problem，TSP）。目标是找出商人经过几座城市的最短路线，要求每个城市只经过一次，并最终回到出发的城市。只有两座城市时，显然只有一条路线。随着城市的增加，问题的难度按阶乘增加。采用蚁群算法可以快速找到一条比较好的路线。

蚁群算法是 Marco Dorigo 在 1992 年的博士论文中提出。它主要有两个步骤：第一步是生成随机解，第二步是通过增加或减少**信息素**（pheromone）来更新路线。它借助**守护操作**（daemon action）产生迭代变化。《Ant Colony Optimization》[DS04]一书对守护操作的描述是："守护操作是在后台集中执行的处理全局信息的操作"。

5.1　释放信息素
Your Mission: Lay Pheromones

蚁群算法也受到了自然现象的启发。蚂蚁不直接交流，而是通过释放信息素沟通。信息素会缓慢挥发，最终失效。

蚁群算法大致思路是，先让蚂蚁随机移动，然后迭代优化路线。蚂蚁沿途释放信息素，但信息素会随着时间的流逝而挥发。蚂蚁每次探索一个"点"，这个"点"可以是一个具体的地点，也可以是一个状态，视具体问题而定。本章的"点"一个具体的地点。蚂蚁通过综合距离的远近和信息素的浓度决定下一个落脚点。决定下一个落脚点，既可以直接选择当前最好的路线，也可以采用转轮赌选择法或锦标赛法。总是选择当前最好的可行路线有可能错失找到更好的路线的机会（选择稍差一些的路线让算法有机会探索更多的地方）；而采用锦标赛法可能会导致算法最终收敛到一条不好的路线。此外，锦标赛法需要设定每次竞争的路线数量，而转轮赌选择法不需要额外的参数。实际应用时，大部分蚁群算法采用比例概率选择法，其原理与转轮赌选择法类似。

信息素浓度高的点更容易吸引蚂蚁，所以我们要在更短的路线上释放更多的信息素。我们可以将信息素的浓度设置为路线长度的倒数。我们还可以结合启发式算法，比如假设口袋上方有很多食物，这样蚂蚁往上走就更有可能找到食物。合理设置的启发式算法能更快找到答案。

将信息素的浓度设置为路线长度的倒数有什么用呢？考虑两只蚂蚁的路线（见图 5.1）。

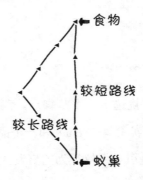

图 5.1 两只蚂蚁的路线

如果蚂蚁在这两条路上释放了等量的信息素，那么较短路线上的每个节点（三角形）的信息素浓度会更高。较短路线上的每个节点分到信息素总量的四分之一，而较长路线上每个节点只分到信息素总量的六分之一。这样较短路线对蚂蚁的吸引力更大。

在实现算法时，可以让每只蚂蚁返巢后更新一次信息素量，也可以等所有蚂蚁都返巢后统一更新。总的来说有三种更新方式：

- 在线逐步更新：在每只蚂蚁探索过程中更新信息素；

- 在线延迟更新：在每只蚂蚁返巢后更新；

- 离线更新：待所有蚂蚁返巢后更新。

简单起见，我们将采用第三种更新方式。其他两种方式实现起来也不困难，有兴趣的读者可以试一试。注意，无论采用哪种更新方式，都要确保短路线有更大的吸引力。

蚂蚁返巢后会重新出发觅食。它们的行动受信息素引导。如果信息素不挥发，所有蚂蚁都会沿着同一路线重新出发。信息素的浓度随着时间的推移降低，确保了蚂蚁可以探索更多的可能性，找到更好的路线，最终解决问题。

5.1.1 使用信息素
Using the Pheromones

选择算法会根据概率挑选下一个落脚点。我们为每一个点设置一个信息素值（τ，读作"涛"，英文写作 tau）和一个品质值（η，读作"依塔"，英文写作 eta）。品质值是引导蚂蚁行为的启发式变量，它不是必需的。我们会在 taueta 函数中将这两个值的幂相乘，乘积更大的两个数在选择算法中有更大的优势。具体的幂次 α 和 β 由你决定。你可以试试不同的幂次，看看会发生什么。

蚂蚁移动到给定点（i）的概率计算方式为：

$$p\,(\text{spot}_i) = \frac{\tau_i^{\alpha} \times \eta_i^{\beta}}{\sum_j \tau_j^{\alpha} \times \eta_j^{\beta}}$$

不难看出，分母是到达所有点的概率之和（等于 1），这符合概率的定义。到达某点的概率为 0 意味着该点永远不会被选中；到达某点的概率为 1 意味着一定会选中这个点。概率在 0 到 1 之间的点则会被随机选中。我们要避免所有的 τ 和 η 的乘积都为 0。你可以给信息素设置最小值，也可以在所有乘积都为 0 时随机选择一个点。其实，我们只需要计算每个点 τ 和 η 的幂的乘积，就可以判断哪个点在选择算法中更有优势。

$$\tau\eta\,(\text{spot}_i) = \tau_i^{\alpha} \times \eta_i^{\beta}$$

接下来，我们将 τ 定义为路线长度的倒数，η 为高度值 y。这样，位置靠上且信息素值（浓度）大的点更有可能被选中。迭代开始时，蚂蚁会四处探索，随着时间推移，它们会找到并不断缩短通往口袋外食物的路线。

我们已经知道了如何为每个点设置一个度量来帮助蚂蚁选择下一个落脚点。至此，我们基本上有了迭代优化需要的所有元素。最后，我们假设蚂蚁在网格中移动，每一步有 8 个可选择的方向（图 5.2）。

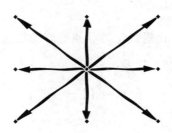

图 5.2　蚂蚁的 8 个移动方向

5.2 怎样生成路线
How to Create Pathways

我们来看蚁群算法的伪代码:

```
for a while
  create paths
  update pheromones
  daemon actions: e.g. display results
```

蚂蚁从口袋底部出发,一旦找到口袋上方的食物就返回蚁巢。蚂蚁既可以从底线上分散的各个位置出发,也可以集中从一点出发。不同的选择不会影响算法的整体行为,但是会影响蚂蚁找到好路线的时间。

我们还要做出以下几个决定:

- 蚂蚁的总数
- 网格节点之间的距离
- 设置参数值
- 信息素每次的挥发量

我们从 5×5 的网格(最上面的 5 个点在口袋外面)和 25 只蚂蚁开始实验。实验成功后,你可以修改这些数值。一开始,我们要为每只蚂蚁选择一条随机路线。生成随机路线时要留意口袋边界,同时避免重复已经过的点(除非蚂蚁被困住了)。

然后,开始迭代,让蚂蚁学习寻找更好的路线。我们让信息素以一个约定好的值 ρ (比如 0.25)挥发:

$$\tau_i = (1 - \rho) * \tau_i$$

蚂蚁持续探索,直至到达最上面的一排点,之后将蚂蚁传送回蚁巢。所有蚂蚁都回到蚁巢后,更新每个点上的信息素值。真实的蚂蚁并不是在回到蚁巢后才更新路线上的信息素的，这里我们采用了最简单的更新方式。

前面提到用路线长度的倒数作为信息素值，从而使得更短的路线更有吸引力。更新信息素值时，所有刚刚走过的路线都会被用到。蚁群算法在实践中常用常数 Q 缩放路线的品质值。用字母 Q 只是一个习惯，用其他字母或单词也可以。常数 Q 的选择取决于具体问题——如果口袋很大就用大一些的 Q 值，例如口袋高度的倍数。每次要增加的信息素量 L 的计算方式为：

$$Q = 2.0 \times height$$
$$L = Q / length(path)$$

那么每个点更新后的信息素值的计算方式就是：

$$\tau_p = \tau_p + L$$

这样我们就得到了更新后的信息素值。有了更新的信息素值和前面提到的信息素挥发方式后，怎样用它们生成新路线呢？

蚂蚁重新出发时，首先会选择一个起点，然后决定下一步要去哪里（从 8 个可能的点中选一个）。我们将当前路线上的点都记录下来，用来阻止蚂蚁重复已经过的点（这样一来，每次可选的点会少于 8 个）。如果不这样做，蚂蚁可能会不停兜圈子。将蚂蚁下一步可选的点放入一个列表，然后用转轮赌选择法选出一个。具体做法是在 0 到 Στη（各点信息素值与品质值的幂积之和）之间随机选一个数，然后挑 η 大小与随机数最接近的点作为下一个落脚点。这样可以确保在选出较好点的同时增加路线的多样性。

现在我们有了蚁群算法需要的预备知识。接下来我们还会画出算法的最好路线和最差路线，以便比较蚂蚁的学习效果。动手吧！

5.3 让蚂蚁行动起来
Let's March Some Ants

这次，我们用 JavaScript 编程。第 4 章的 HTML 代码可以复用，只需要增加一个复选框（checkbox），用于选择是否所有蚂蚁都从同一个点出发。

```
<input name="middle_start" id="middle_start" type="checkbox">
  Start in middle?
</input>
```

HTML 中的按钮会调用 init 方法，我们会在那里初始化蚁群算法。如果算法已经开始运行，点击按钮会停止运行。复选框的 checked 属性用于判断出发方式，接着就是算法的主体 begin 函数。

```
Colonise/src/aco_paperbag.js
var id = 0;
var middle_start = false;
function init() {
  if (id === 0) {
    document.getElementById("click_draw").innerHTML="stop";
    var opt = document.getElementById("middle_start");
    if (opt) {
      middle_start = opt.checked;
    }
    begin();
  }
  else {
    stop();
  }
}
```

5.3.1 随机初始化
Random Setup

在 begin 函数中，make_paths 函数负责初始化蚂蚁路线，即随机选择路线。update 函数负责更新信息素值 pheromones。draw 函数负责画出路线 paths。begin 函数完成了三个步骤：初始化路线、更新信息素值，以及在守护进程中画出路线。

Colonise/src/aco_paperbag.js
```
function begin() {
  var iteration = 0;
  var canvas = document.getElementById("ant_canvas");
  var pheromones = [];
  var height = canvas.height / scale;
  var width = (canvas.width-2*edge) / scale;
  var ants = 25;
  var paths = make_paths(height, width, ants);
  update(pheromones, paths, height);
  draw(iteration, paths);
  id = setInterval(function() {
      iteration = aco(iteration, ants, pheromones, height, width);
    },
    100);
}
```

为了让浏览器有足够的反应时间，迭代间隔设为 100 毫秒。我们要保存 serInterval 函数的返回值 id，以便再次点击按钮时算法可以正确地停止。算法停止后，清空计时器，并将按钮文本恢复为 action，像这样：

Colonise/src/aco_paperbag.js
```
function stop() {
  clearInterval(id);
  id = 0;
  document.getElementById("click_draw").innerHTML="action";
}
```

我们要为算法设置几个参数。首先，我们要决定网格格子的大小。最直接的方式就是每一个像素表示一个格子，但那样网格会很大，蚂蚁需要较长时间才能走出去。以长宽都是 250 个像素的画布来说，可以把格子的长宽设置为 50 个像素（将步长缩放值 scale 设为 50），那么蚂蚁最少只要走 5 步就可以获得食物。

用多少只蚂蚁呢？我们先用 25 只做实验。如果网格更大的话，蚂蚁需要更多的步数找到食物，这时我们可以适当增加蚂蚁数量。

对每一只蚂蚁，我们可以将当前路线上所有点的坐标(x,y)保存一个数组里。只要 y 坐标值大于口袋高度 height 就表示蚂蚁找到了食物。我们在口袋外围加上边界 edge，确保蚂蚁的行动不会超出范围。路线 path 的起始点由 start_pos 函数生成，注意其中用 floor 函数取随机数的整数部分，因为网格点的坐标都是整数。然后不断将 next_point 函数生成的下一个落脚点加入到路线数组中，直到蚂蚁找到食物。代码如下：

```
Colonise/src/aco_paperbag.js
function start_pos(width) {
  if (middle_start) {
    return { x: Math.floor(width / 2), y: 0 };
  }
  return { x: Math.floor(Math.random() * (width+1)), y: 0 };
}
function random_path(height, width) {
  // Assume we start at the bottom
  // If we get to the top, we're out so finish
  var path = [];
  var pos = start_pos(width);
  path.push(pos);
  while (pos.y < height) {
    pos = next_pos(width, pos, path);
    path.push(pos);
  }
  return path;
}
function make_paths(height, width, ants) {
  var paths = [];
  var i;
  for (i = 0; i < ants; i += 1) {
    paths.push( random_path(height, width) );
  }
  return paths;
}
```

要计算蚂蚁的下一个落脚点，先要列出 8 个可能的位置，然后用 filter 方法排除超出口袋范围的点。contain 函数检查下一个落脚点是不是已经走过，只有在蚂蚁走投无路时才允许它重新走已经走过的点。最后从

---

allowed_positions 函数返回的所有点中随机选出一个，作为下一个落脚点。

Colonise/src/aco_paperbag.js
```javascript
function possible_positions(width, pos) {
  var possible = [
    {x: pos.x - 1, y: pos.y - 1},
    {x: pos.x, y: pos.y - 1},
    {x: pos.x + 1, y: pos.y - 1},
    {x: pos.x - 1, y: pos.y},
    {x: pos.x + 1, y: pos.y},
    {x: pos.x - 1, y: pos.y + 1},
    {x: pos.x, y: pos.y + 1},
    {x: pos.x + 1, y: pos.y + 1}
  ];
  return possible.filter( function(item) {
    return item.x >= 0 && item.x <= width && item.y >= 0;
  });
}
function contains(a, obj){
  return a.findIndex( function(item) {
      return (item.x === obj.x && item.y === obj.y);
  }) !== -1;
}
function allowed_positions(width, pos, path) {
  var possible = possible_positions(width, pos);
  var allowed = [];
  var i = 0;
  for (i = 0; i < possible.length; i += 1) {
    if (!contains(path, possible[i])) {
        allowed.push(possible[i]);
    }
  }
  if (allowed.length === 0) {
      allowed = possible;
  }
  return allowed;
}
function next_pos(width, pos, path) {
  var allowed = allowed_positions(width, pos, path);
  var index = Math.floor(Math.random() * allowed.length);
  return allowed[index];
}
```

5.3.2 画路线
Showing the Trails

首先在画布 canvas 中画一个矩形表示口袋：

```
var ctx = canvas.getContext("2d");
ctx.clearRect(0, 0, canvas.width, canvas.height);
ctx.fillStyle = "rgb(180, 120, 60)";
ctx.fillRect (edge, scale, canvas.width-2*edge, canvas.height-scale);
```

注意不要让矩形填满整张画布，在矩形上方预留步长缩放值 scale 大小的空隙。我们将蚂蚁经过的每个点连起来。蚂蚁在算法中每次移动 1 个单位，画图时，我们要将算法中蚂蚁位置的 x 值乘以缩放倍数 scale 再与边界值 edge 相加来确定画布上点的 x 坐标。画布上点的 y 坐标则由画布高度减去算法中蚂蚁位置的 y 值和缩放倍数 scale 的乘积——因为 canvas 中纵坐标的 0 点在顶部，而算法中纵坐标的 0 点在底部，第 4 章做过相同的操作。用 beginPath 函数开始生成一条新路线，然后用 moveTo 函数设置起点。接着用 lineTo 函数将路线中的每一个点连接起来，用 stroke 方法画线。

```
Colonise/src/aco_paperbag.js
function draw_path(ctx, edge, height, path) {
  if (path.length === 0) {
    return;
  }
  var x = function(pos) {
    return edge + pos.x * scale;
  };
  var y = function(pos) {
    return height - pos.y * scale;
  };
  ctx.beginPath();
  ctx.moveTo(x(path[0]), y(path[0]));
  path.slice(1).forEach( function(item){
    ctx.lineTo(x(item), y(item));
  });
  ctx.stroke();
}
```

画每一条路线前，可以用 setLineDash 函数设置虚线样式，以示区别。

```
var was = ctx.setLineDash([5, 15]);
```

这段代码表示虚线中的线段为 5 个单位长，两条线段的间距为 15 单位长。如果给这个函数一个空数组，则表示要画一条直线。把 25 只蚂蚁的路线用不同的虚线画出来会很乱，所以我们只画最好路线和最差路线。

5.3.3 迭代优化路线
Iteratively Improve

有了随机初始化的路线后，蚂蚁就可以在迭代中优化路线了。它们学习的过程在 aco 函数中实现：

```
Colonise/src/aco_paperbag.js
function aco(iteration, ants, pheromones, height, width) {
  var paths = new_paths(pheromones, height, width, ants);
  update(pheromones, paths, height);
  draw(iteration, paths);
  if (iteration === 50) {
    stop();
  }
  return iteration + 1;
}
```

代码首先用 new_paths 函数为蚂蚁生成下一次迭代的新路线，然后用 update 函数更新信息素的值，最后画出本次迭代的结果。我们设定算法在 50 轮迭代后停止。

下面我们来看信息素的值，它在路线生成过程中扮演重要角色。所有点的信息素值被保存在一个数组里，数组的每一元素包含点的坐标以及信息素值 weight。要更新信息素的值，先要调用挥发函数 evaporate，然后再将更新后的信息素值加入到新路线中。

Colonise/src/aco_paperbag.js
```javascript
function update(pheromones, paths, height) {
  evaporate(pheromones);
  paths.forEach( function(path){
    add_new_pheromones(height, pheromones, path);
  });
}
```

我们选择让信息素值按 0.25 的比例挥发（减小）。

Colonise/src/aco_paperbag.js
```javascript
function evaporate(pheromones) {
  var rho = 0.25;
  for(var i = 0; i < pheromones.length; i += 1) {
    pheromones[i].weight *= (1-rho);
  }
}
```

然后将更新后的信息素值加入新路线。如果路线上的某个点从来没有到访过，就把这个点用 push 加入到保存各点信息素值的数组里。对于已经在数组里的点，直接将 weight 加上 L 就可以了。L 的计算方式是用常数 Q 乘以路线长度的倒数。这里将 Q 值设置为口袋高度的两倍，你可以试试其他值。

Colonise/src/aco_paperbag.js
```javascript
function add_new_pheromones(height, pheromones, path) {
  var index;
  var Q = 2.0 * height;
  var L = Q/total_length(path);
  path.forEach ( function(pos) {
    index = pheromone_at(pheromones, pos);
    if ( index !== -1 ) {
      pheromones[index].weight += L;
    }
    else {
      pheromones.push( {x: pos.x, y: pos.y, weight: L} );
    }
  });
}
```

我们还需要一个辅助函数用于寻找信息素值数组中已经存在的点。

Colonise/src/aco_paperbag.js
```js
function pheromone_at(pheromones, pos) {
  return pheromones.findIndex( function(item) {
    return (item.x === pos.x && item.y === pos.y);
  });
}
```

路线长度 total_length 为路线上相邻点间的欧氏距离的总和。

Colonise/src/aco_paperbag.js
```js
function euclidean_distance(first, second) {
  return Math.sqrt(Math.pow(first.x - second.x, 2)
              + Math.pow(first.y - second.y, 2));
}
function total_length(path) {
  var i;
  var length = 0;
  for (i = 1; i < path.length; i += 1) {
    length += euclidean_distance(path[i-1], path[i]);
  }
  return length;
}
```

蚂蚁用保存在 pheromones 中的值生成新路线 new_path。对每只蚂蚁而言，创建新路线首选要选择一个出发点，然后不断记录下一个落脚点，直到它走出口袋（找到食物）。信息素值作为选择下一个落脚点的概率参考。

Colonise/src/aco_paperbag.js
```js
function pheromone_path(height, width, pheromones) {
  var path = [];
  var moves;
  var pos = start_pos(width);
  path.push(pos);
  while (pos.y < height) {
    moves = allowed_positions(width, pos, path);
    pos = roulette_wheel_choice(moves, pheromones);
    path.push(pos);
  }
  return path;
}
```

我们调用转轮赌选择函数 roulette_wheel_choice 从允许到达的位置

allowed_positions 中选一个点。接下来，要计算路线上 $\tau\eta$ 幂乘积的总和。

```
Colonise/src/aco_paperbag.js
function taueta(pheromone, y) {
  var alpha = 1.0;
  var beta = 3.0;
  return Math.pow(pheromone, alpha) * Math.pow(y, beta);
}
function partial_sum(moves, pheromones){
  var total = 0.0;
  var index;
  var i;
  var cumulative = [total];
  for (i = 0; i < moves.length; i += 1) {
    index = pheromone_at(pheromones, moves[i]);
    if (index !== -1) {
      total += taueta(pheromones[index].weight, pheromones[index].y);
    }
    cumulative.push(total);
  }
  return cumulative;
}
```

然后随机生成 0 到 $\tau\eta$ 幂乘积总和之间的一个数，返回相应的点。

```
Colonise/src/aco_paperbag.js
function roulette_wheel_choice(moves, pheromones) {
  var cumulative = partial_sum(moves, pheromones);
  var total = cumulative[cumulative.length-1];
  var p = Math.random() * total;
  var i;
  for (i = 0; i < cumulative.length - 1; i += 1) {
    if (p > cumulative[i] && p <= cumulative[i+1]) {
      return moves[i];
    }
  }
  p = Math.floor(Math.random() * moves.length);
  return moves[p];
}
```

第二行代码计算出了 $\tau\eta$ 幂乘积的总和，第四行代码生成了一个随机数。for 循环用于找到相应的点。如果 $\tau\eta$ 幂乘积的总和为 0，则依均匀分布随机

返回一个点。至此，我们实现了蚁群算法的全部内容，运行代码，你应该
会看到蚂蚁学习的效果。

5.4　算法有效吗
Did It Work?

蚂蚁在口袋中探索最短路线时，有很多参数可以调整。蚂蚁的初始位
置也会影响算法效果。我们以 25 只蚂蚁，迭代 50 轮，每轮信息素值减少
25%为例，看看不同的参数对算法的影响。

5.4.1　从同一点出发
Starting in the Same Place

如果所有的蚂蚁都从同一个位置出发，它们能很快地找到最优路线。
尽管在迭代时你会看到一些蚂蚁在口袋里乱转，不过这种行为很快就能被
纠正。随机初始化的路线中，最差的路线有 30 步，最好的可能只有 6 步，
平均 15 步左右。最好的初始化路线很快就能迭代出 5 步长的最优路线（见
图 5.3）。最好的路线用实线表示，最差的路线用虚线表示。

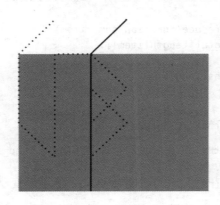

图 5.3　某次运行的最好路线和最差路线

路线的选择是随机的，每次运行的结果都不同。我们可以显示最好路线长度、最差路线长度、平均路线长度。首先在 HTML 中添加几个元素：

```html
<p id="best">best distance</p>
<p id="worst">worst distance</p>
<p id="average">average distance</p>
```

然后用下面的代码计算统计量：

```javascript
Colonise/src/aco_paperbag.js
function find_best(paths) {
  var lengths = paths.map(function(item) {
    return total_length(item);
  });
  var minimum = Math.min(...lengths);
  return lengths.indexOf(minimum);
}
function find_worst(paths) {
  var lengths = paths.map(function(item) {
    return total_length(item);
  });
  var maximum = Math.max(...lengths);
  return lengths.indexOf(maximum);
}
function find_average(paths) {
  if (paths.length === 0) {
    return 0.0;
  }
  var sum = paths.reduce(function(sum, item) {
    return sum + total_length(item);
  }, 0);
  return sum / paths.length;
}
```

然后，更新 HTML 元素中的值，像这样：

```javascript
document.getElementById("average").innerHTML = find_average(path);
```

如果路线不断在优化，你会看到这几个值不断变小。很多机器学习算法都借助统计检验学习效果。下面我们看看蚂蚁随机从不同点出发的情况。

5.4.2 随机从不同点出发
Start Somewhere Random

使用同样的参数，蚂蚁随机从不同点出发时会生成更多可能的路线。它们还是能够找到一条比较好的路线，不过这些路线往往会有很多对角线方向的移动，导致路线"打结"（见图 5.4）。

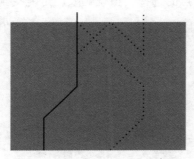

图 5.4　某次随机从不同点出发的最好路线和最差路线

在这种情况下，最差路线长度和平均路线长度会变得更长。不过你还是可以观察到路线在不断变好。

5.4.3 α 和 β 的选择
Alpha and Beta

仔细观察图 5.3 中的最差路线，你会发现路线中的某一段方向完全是错的。蚂蚁会被最优路线上的点吸引，但是每个点中的信息素值并不包含方向信息。将信息素保存在网格点上会允许（甚至鼓励）蚂蚁往错误的方向移动。我们可以做一点改进，让信息素包含方向信息。每条网格线有一个起点和一个终点。我们可以将信息素值保存在一个二维数组中，也就是一个矩阵 M。矩阵 M 的元素 M[i][j] 表示从 i 点到 j 点的信息素值。

虽然我们在 taueta 函数中使用高度 height 引导蚂蚁向上走，但是它会受信息素的干扰。回忆一下 taueta 函数：

```
function taueta(pheromone, y) {
  var alpha = 1.0;
  var beta = 3.0;
  return Math.pow(pheromone, alpha) * Math.pow(y, beta);
}
```

如果设 beta 为 0，Math.pow(y, beta)的值总是 1，这时只有信息素值
pheromone 影响下一个点的选择。虽说蚂蚁还是能找到更短路线，但是平均
路线长度可能不会发生变化。你会看到一些非常长的路线（见图 5.5）。

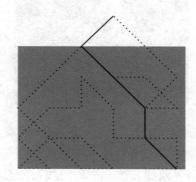

图 5.5　只受信息素值影响的蚂蚁路线

如果设 alpha 为 0，信息素的值将不再起作用，蚂蚁仍然倾向于向上走，
不过最差的路线还是会在口袋里乱转（见图 5.6）。

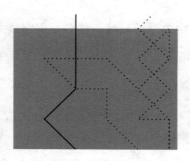

图 5.6　只受品质值影响的蚂蚁路线

使用非零的 alpha 值和 beta 值能更好地引导蚂蚁。其中一个为零会导

致蚂蚁使用单一信息而影响学习效果。

5·4·4 其他参数
Other Options

这个算法还有不少参数可以调整。如果一个机器学习算法有很多参数，不妨先将它们都设为 0，看看会发生什么。然后逐一调整，观察被调整的参数起什么作用。在蚁群算法中，我们可以调整 ρ，看看挥发率会对算法产生什么影响。或者调整 Q，看看路线长度有什么变化。增加蚂蚁数量显然会增加探索路线的数量。采用较小的缩放量或步长，则蚂蚁会走出更长的路线，探索时间也会相应变长。图 5.7 展示了缩放值为 10 时（前文为 50），蚂蚁的路线。

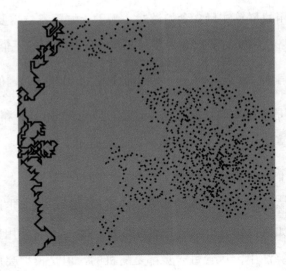

图 5.7 缩放值为 10 时蚂蚁的路线

5·5 拓展学习
Over to You

我们成功实现了蚁群算法。我们还调整了算法的参数，观察了参数对算法的影响。其实，我们还可以用遗传算法去寻找最佳参数组合。

除了本章内容，读者还可以尝试以下实验：

- 调整信息素更新的时间，看看蚂蚁的学习速度会不会变快。
- 让守护进程时不时在比较好的路线上放更多信息素。
- 试着用蚁群算法解决旅行商人问题，让蚂蚁访问所有位置且每个位置只访问一次。
- 如果蚂蚁困住了，就放弃它，而不是让它重新走已经走过的点。
- 试着用蚁群算法玩贪食蛇游戏。为了让蛇更长，需要把 taueta 函数里路径长度的倒数改为路径长度。同时注意蛇不能碰到自己。

学习要勇于问"为什么"，多动手尝试才能加深对问题的理解。

本章讲的是最基本的蚁群算法。你还可以查阅 Stutzle 和 Hoos 提出的极值蚁群系统算法[1]，它在处理复杂问题上会有更好的表现。

至此，我们已经介绍了两种受自然启发的粒子群算法，它们的共同点是用智能体探索空间。粒子群优化算法注重鼓励粒子往上走逃出口袋，而蚁群算法关注如何找到逃出口袋的最短路线。第 6 章将使用模型来驱动粒子移动。在新算法中，尽管每一步都是随机的，但是模型会保证粒子最终能扩散出口袋。你将接触**蒙特卡洛**（Monte Carlo）模拟。有些模拟总是输出相同的结果，而有些像抛硬币一样的模拟，会给你不同的结果序列。另外，我们还会介绍基于特性的测试。

---

[1] https://pdfs.semanticscholar.org/c678/18b2ce1410ba61f29e1f77412fe23c69f346.pdf

第 6 章

运用随机模型
Diffuse! Employ a Stochastic Model

第 5 章实现了蚁群算法，蚂蚁通过共享信息找到了走出口袋的最短路线。有时，我们并不关心蚂蚁选择了那条路线。不管是蚂蚁，还是粒子，只要它们到了口袋外面，我们就认为问题解决了。本章将使用模拟（simulation，也叫仿真）的办法研究口袋中的扩散（diffuse）行为。

模拟在金融系统、流行病学等领域有着广泛的应用。采用合理的模型进行模拟，可以了解系统三方面的信息：最差的运行情况、系统中某事件发生的可能性，以及改变系统参数会发生什么。以下几个问题都是改变系统参数的例子：

- 如果用蚊帐将疟疾的发病率降低 5%，医疗系统会发生什么？

- 如果将利率上调 0.25%，金融市场会发生什么？

- 如果利率跌破 0 点，金融市场会发生什么？

本章将模拟粒子的**布朗运动**（Brownian motion），并采用 C++标准库的随机数生成器建立三种随机模型，它们都属于马尔科夫过程（一种特殊的随机游走，下一个状态只依赖于当前状态）。马尔科夫过程在机器学习算法中很常见，值得学习。

假设在口袋中央释放一团粒子，它们会逐渐扩散，最终漫出口袋。布朗运动可以很好地描述这一现象。因为粒子的运动是随机的，所以我们可以用**蒙特卡洛模拟**（Monte Carlo simulation）来模拟粒子的运动。每次模拟会稍有不同，但是粒子都会扩散开。将这一模型稍加改造，就可以用于研究股票价格的变化，了解利率对股票价格的影响。

此外，我们还会学习用 C++的多媒体库画出粒子的扩散过程，以及基于特性的测试。测试存在随机性的代码很困难，基于特性的测试会对代码的整体特性进行测试。

6.1　让粒子随机运动
Your Mission: Make Small Random Steps

我们首先定义蒙特卡洛模拟，然后再看进行布朗运动的粒子怎样扩散出口袋。然后，在此基础上使用几何布朗运动对股票价格进行模拟。

上述模型都是随机模型。第 3 章的弹道模型属于确定性模型——给定角度和速度，炮弹的轨迹就确定了。随机模型无法提前预测会发生什么，不过我们可以借助它了解系统的特性，比如均值和期望。

6.1.1　蒙特卡洛模拟
Monte Carlo Simulations

蒙特卡洛模拟用于近似求解无法用数学方法解决的数值问题，它的名字来自著名的蒙特卡洛赌场。让我们先来看一个例子——计算不规则图形的面积。

如果一条曲线存在可积分方程，那么曲线包含的面积可以用微积分方法算出来，但是还很多曲线找不到相应的描述方程，更别提用微积分算面积了。这时，我们只能估算曲线包围的面积。

以图 6.1 中的曲线为例，我们要计算它包围的面积。

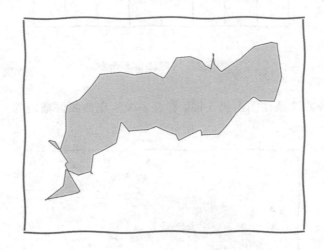

图 6.1　不规则的曲线

第一种方法是在图上画网格，然后用曲线区域覆盖的格子数量估算面积（见图 6.2）。图中约有 19 个格子被曲线区域覆盖，这样我们就知道了曲线包围面积的上界。网格越小，估算就越准确。

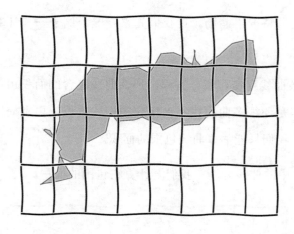

图 6.2　用网格估算面积

另一种方法是往图上扔飞镖，看有多少落在曲线区域内部（见图 6.3）。

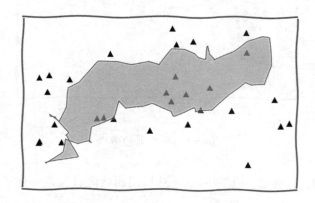

图 6.3　用飞镖估算面积

图中共有 30 支飞镖，有 10 支飞镖落在了曲线内部或边缘上，可以认为有三分之一的飞镖落在了曲线内部。这样，可以估算出曲线包围的面积约占整张图面积的 33%。重复这一操作会产生不同结果，我们可以用这些结果的均值来估算面积，或者给出面积的上界和下界。这一过程就是蒙特卡洛模拟，它的做法是进行多次实验，然后汇总实验结果，给出统计学结论。你可以试着用这个方法估算各种规则图形的面积，看看蒙特卡洛模拟的结果和实际计算面积差多少。

怎样将蒙特卡洛模拟用在更复杂的问题上呢？我们来看三种扩散模型：布朗运动、几何布朗运动、跳跃扩散。与上面的静态曲线不同，在扩散问题中，元素是不断运动的。它们的运动由模型或方程驱动，每种模型的核心形式都是一样的：从当前状态或位置开始，移动到新的状态或位置。用方程表示为：

```
next_position = current_position + f(parameters)
```

每种模型的 f 函数是不同的。这个方程可以生成一个数列，用于表示粒子的运动或股票价格的走势。

6.1.2　布朗运动
Brownian Motion

物质的扩散是从高浓度的地方随机地向低浓度地方进行，最终达到平衡。扩散方程有很多种，可以描述固体、液体、气体在电场和磁场作用下的复杂扩散。最简单的扩散模型是布朗运动，它模拟的是液体或气体粒子的运动。我们假设每个粒子的运动都是独立的，并且忽略粒子之间的撞击。

布朗运动模型中的粒子每次只运动很小一步。为了均匀扩散，粒子在每个方向上运动的可能性都相等。如果我们让粒子的平均位移为零，粒子团的中心不会移动，但是粒子还是会扩散开。为了确保粒子能扩散开，位移的方差要足够大，但是不能太大。我们要为模型选择合适的位移均值和方差。

什么是均值和方差

算数平均值是均值的一种，它等于样本值的总和除以样本数量。对有 n 个样本的集合来说，算数平均值的计算公式为：

$$mean = \frac{\sum_{i=1}^{n} value_i}{n}$$

方差则用于衡量样本值与均值间的差异。由于样本值与均值的差有正有负，把这些差值相加会相互抵消，所以我们需要把这些差值的平方相加，这样就能反映变化幅度了。方差的计算公式为：

$$variance = \frac{\sum_{i=1}^{n} (value_i - mean)^2}{n}$$

标准差则为方差的算数平方根。

做布朗运动的粒子每次向任意方向移动一小步，这是一种特殊的**随机游走**（random walk）。某些随机游走会用粒子最近的若干次运动决定下一步运动。这里我们假设粒子的下一步运动只取决于它当前的位置。换句话说，粒子的运动是无记忆的。这种粒子运动形成的是马尔科夫链（译注：准确地说是一阶马尔科夫链），或者叫马尔科夫过程。马尔科夫链由一连串事件构成，它和状态机类似，只不过序列中的下一个事件是随机的。你留意过搜索引擎的搜索框会预测你的下一个输入词吗？你依次输入的词可以视为一个一个事件，它们可以构成马尔科夫链。当这些状态不可见时，我们成之为隐马尔科夫模型（hidden Markov model）[1]。

---

[1] https://en.wikipedia.org/wiki/Hidden_Markov_model

什么是正态分布

　　如果统计人们的身高，你会发现非常高的人和非常矮的人数量都很少，绝大多数人都在中间（见图 6.4）。这些统计值在坐标系中可以连成一条钟形曲线。如果缩小统计间隔，柱状图的形状会越来越对称。这种分布模式可以用高斯函数描述：

$$f(x) = \frac{1}{\sqrt{2\pi\sigma^2}} \times \exp -\frac{(x-\mu)^2}{2\sigma^2}$$

　　其中的 σ^2 是方差，μ 为平均值。严格地讲，图中柱状图的面积应该和曲线下方面积相当。我们称这种分布为正态分布，也叫高斯分布。

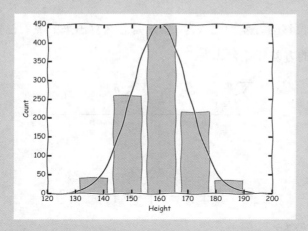

图 6.4　人群身高的分布

　　简单的布朗运动除了是一个马尔科夫过程外，其中粒子的平均位移应该为 0（译注：位移是有方向的）。也就是说，粒子向上下左右运动的机会是相等的。位移的方差可以设置为移动时间间隔的倍数，这是为了确保粒子能够扩散开。如果位移太小，粒子会粘在一起；如果位移太大，粒子的运动会很夸张。符合正态分布的粒子运动可以满足这些条件。这里我们可以直接使用 C++的正态分布类 std::normal_distribution。

为了理解布朗运动，我们先来看最简单的直线上的随机运动。运动的起点为原点（0 点）。用抛硬币的方式决定下一步的位移，硬币正面向上则向左走一步（-1），硬币反面向上则向右走一步（+1）。我们计算若干步之后的位移均值与方差。这个随机运动可以表示为：

```
next_position = current_position + pick_one_of(-1, 1)
```

走了若干步后，理想情况下，我们应该能得到平均位移为 0，也就是说向左走和向右走的次数是基本一样的。

同时，位移的方差为应该为 1。这是怎么算出来的呢？已知均值为 0，那么 n 步时的方差计算公式为：

$$\frac{\sum_{i=1}^{n}(\text{value}_i - 0)^2}{n} = \frac{\sum_{i=1}^{n}(\pm 1 - 0)^2}{n}$$

由于

$$(\pm 1 - 0)^2 = 1$$

所以方差为：

$$\frac{\sum_{i=1}^{n} 1}{n} = \frac{n}{n} = 1$$

计算更多步数的方差时，可以把单步的方差加起来。比如，走四步的方差是：

$$1 + 1 + 1 + 1 = 4$$

每次移动的方差都是一样的。这样做可行是因为每一步都是独立的[2]。

以上的均值和方差都是理论值，要想在实验中观测到，需要运行很多次模拟。少数几次模拟只能大概了解均值和方差的变化趋势。在解决实际问题时，你可能要运行上千次甚至上百万次，模拟结果才有足够的可信度。一般来说，运行次数主要取决于你的解决方案[3]。

如果用正态分布的随机数模拟布朗运动，那么步长是变化的。假设一个粒子位于(x,y)，我们借助两个相互独立的随机数 ΔZ_1 和 ΔZ_2，把粒子移动到位置：

$$(x + \sqrt{\Delta t}\, \sigma \Delta Z_1,\ y + \sqrt{\Delta t}\, \sigma \Delta Z_2)$$

那么对应时间变化 Δt，粒子的位移为：

$$\Delta x = \sqrt{\Delta t}\, \sigma \Delta Z_1$$

$$\Delta y = \sqrt{\Delta t}\, \sigma \Delta Z_2$$

这是**随机微分方程**（stochastic differential equation，SDE），"随机"是指方程中存在随机量。大写希腊字母 Δ（念作"德尔塔"）代表变化量。其中 ΔZ_1 和 ΔZ_2 代表符合正态分布的随机数。σ（西格玛）为事先选好的常数，用于缩放步长。粒子下一步的位移可以表示为：

```
next_x_position = current_x_position + dx
next_y_position = current_y_position + dy
```

在代码实现中，因为 Z_1 和 Z_2 是相互独立的，所以我们需要设置两个相互独立的符合正态分布的随机数生成器。

2　https://stats.stackexchange.com/questions/159650/why-does-the-variance-of-the-random-walk-increase
3　https://stats.stackexchange.com/questions/34706/simulation-study-how-to-choose-the-number-of-iterations

> **符号Δ代表什么**
>
> 微积分使用了许多希腊字母。符号Δ用于表示离散的变化，而符号 d 用于表示连续的变化。

6.1.3 几何布朗运动
Geometric Brownian Motion

我们可以在第一个随机游走模型的基础上使用扩散模型模拟股票价格。给定初始价格和模型，可以模拟股票价格随时间的变化。将把这些不断扩散的价格画在纸口袋里，其中一些会超出口袋上方。我们用 y 坐标表示股票价格 s，用 x 坐标表示时间 t，把价格曲线画出来，观察到它们的扩散情况。这里，我们要使用的扩散模型是**几何布朗运动**（Geometric Brownian motion，GBM）模型。该模型和布朗运动非常相似，不同之处在于前一个模型的步长本身遵循布朗运动，而此模型中步长的对数遵循布朗运动。

几何布朗运动的公式与布朗运动的不同，不过它仍然属于随机运动：

next_price = current_price + price_change

股票价格随时间变化的随机微分方程为：

$$\Delta S = S \times (\mu \Delta t + \sigma \Delta W)$$

ΔS 即为上面公式中的股价变化量 price_change。像前一个模型中的 Z_1 和 Z_2 一样，ΔW 也是符合正态分布的随机数，在代码中我们用 dw 表示。

公式中的漂移量 μ 为投资的平均收益率。σ 为尺度参数，称为波动率（volatility），即标准差。波动率和位移的方差有关，大波动率代表股票价格会有大的变动。当波动率为 0 时，模型的随机性就消失了，上述公式就变成了完全安全投资的模型。这种情况下，所有模拟都会产生相同结果。当波动率不为 0 时，股票的价格围绕平均收益率 μ 涨跌。我们用这些参数设置 std::normal_distribution 类，默认均值为 0，默认标准差为 1。

模拟股票价格需要初始股票价格、漂移量 μ、波动率 σ，以及符合正态分布的随机变量 dW。然后，每隔时间 dt 产生新股票价格，生成一个序列。我们以纸口袋边界为坐标轴，口袋左下角为原点（x 坐标代表时间，y 坐标代表价格），把生成的序列绘制成股票价格曲线。股票的初始价格大于 0。

为什么股票的初始价格不能等于 0 呢？根据方程，如果股票价格为 0，那么股票价格变化量也为 0。

$$\Delta S = 0 \times (\mu \Delta t + \sigma \Delta W) = 0$$

任何大于 0 的初始股票价格都是合理的。此外，我们还需要选择两次股价变动的时间间隔 dt，以及漂移量和波动率。更短的时间间隔意味着更多的股价变动，股价曲线上的点也就更多。如果选择了合适的参数，那么股价曲线就会超过口袋上方。

6.1.4 跳跃扩散
Jump Diffusion

布朗运动和几何布朗运动都是连续（continuous）模型。这两个模型的建模对象（粒子位置和股票价格）不会发生突变。连续模型有它适合的应用场景，但是它不适合模拟突变的情况，例如股票市场崩盘或暴涨。

连续性是布朗运动的主要特征之一。通俗地讲，如果一条线是笔不离纸画出来时，就可以认为这条线是连续的。反之，一条不连续的线上会存在跳跃，比如在一个点停止，又在另一个点重新出现。这时，它看上去就像两条线！在模拟中引入跳跃会产生非连续性（discontinuity）。我们前面的股价模型只允许很小的价格变动，而跳跃模型则允许较大的变动。这些变动可正可负，如果我们假设每次跳跃都是正的，那就很有可能跳出口袋。

什么是泊松分布

以等公交车为例，有时车很快就来了，有时要稍微等一会儿，有时感觉车永远都来不了。泊松分布就是描述事件在一定时间内发生次数的概率模型。泊松分布的概率密度函数为：

$$F(x=n) = \frac{\lambda^n e^{-\lambda}}{n!}$$

其中 λ 为事件发生次数的期望，n 表示事件发生的次数。如果你统计固定时间内到站公交车的数量，把它们绘制成柱状图，那么图形的面积会与概率密度函数曲线下方的面积接近（见图 6.5）。

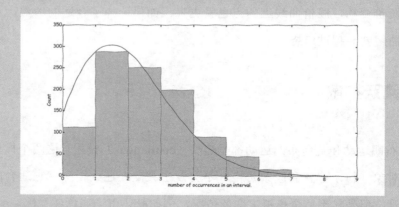

图 6.5　一定时间内随机事件发生次数符合泊松分布

我们可以用泊松分布（Poisson distribution）来模拟偶然发生的事件。由泊松分布产生的随机数 ΔN 为时间间隔 Δt 内发生跳跃变动的次数，J 为跳跃变化的大小。将这两项的乘积加入到几何布朗运动的公式中就得到了跳跃扩散的公式：

$$\Delta S = S(\mu\Delta t + \sigma\Delta W + J\Delta N)$$

和前面一样，ΔS 也表示股票价格的变化。

```
next_price = current_price + price_change
```

当 ΔN 为 0 时，跳跃模型会退化为几何布朗运动；当 ΔN 不为 0 时，模型就具有了非连续性。这两个模型在编程实现时可以结合在一起，如果想要纯几何布朗运动就将公式中的跳跃项设为 0。

6.2 如何产生扩散
How to Cause Diffusion

现在我们大致了解了布朗运动、几何布朗运动和跳跃扩散。接下来，我们讲解怎样生成随机数，以及在 C++中绘图。

6.2.1 小随机步长
Small Random Steps, dW

C++11 引入了随机数库，其中有各种统计学分布模型，包括我们要用的正态分布和泊松分布。你只要使用符合 C++11 标准的编译器（如 GCC4.8.1 及其之后的版本），就可以直接使用这个库，无需额外安装。另一个选择是调用 C 语言的 rand，但这种方法容易出错，而且它不包含我们需要的分布。新的 C++标准库用起来很方便，只要引用相应的头文件就可以了。

以模拟掷骰子为例,掷骰子的结果为 1 到 6 之间的整数,并且每个数出现的概率都相等。在代码中,引入 random 头文件,并使用随机数生成器 engine 和一个随机数种子 seed 来驱动概率分布。若每次都使用相同的随机数种子,那么每次生成的随机数序列将是相同的。我们可以用标准 random 头文件提供的 std::random_device 当做种子,它每次运行时会产生不同的随机数。要注意的是,它可能在你的编程环境下不适用,最好测试一下代码[4]。

用 random 头文件模拟掷骰子的代码如下:

```cpp
int main()
{
  std::random_device rd; //or seed of your choice
  std::mt19937 engine(rd());
  std::uniform_int_distribution<> distribution(1, 6);
  int die_roll = distribution(engine);
}
```

distribution 方法使用 engine 来获取一个 1 到 6 之间的整数,这样就模拟了掷骰子。而要生成几何布朗运动中的 dW 和跳跃扩散中的变动值,则要分别使用 std::normal_distribution 和 std::passion_distibution。接下来我们看看怎样把结果画出来。

6.2.2 用 C++画图
Drawing in C++

我们用 C++的快速媒体库(Fast Media Library,SFML)画图。使用库之前需要编译,然后将库的头文件路径加入项目或 makefile 文件[5]。你也可以采用其他画图库,或者不画图,只打印模拟结果。

安装好 SFML 后,创建主函数文件,在其中引入 SFML 头文件。我们

---

[4] http://en.cppreference.com/w/cpp/numeric/random/random_device
[5] http://www.sfml-dev.org

要创建一个窗口（window），用于画图。设置好窗口大小和标题。然后，在窗口打开的状态下使用 while 循环侦听各种事件（比如窗口是否关闭了）。如果窗口是打开的，则清空窗口中的内容，重新绘制，然后调用 display 方法在窗口中显示绘制结果。就这么简单！

```
int main()
{
  sf::RenderWindow window(sf::VideoMode(200, 200), "Hello, world!");
  while (window.isOpen())
  {
    //check for events here, like window closed
    window.clear();
    //draw again here
    window.display();
  }
}
```

我们将用 sf::RectangleShape 画口袋，用 sf::CircleShape 画做布朗运动的粒子。粒子会向四面八方扩散，有一些会离开口袋。在模拟股票价格时，可以用 sf::Vertex 画价格点间的连线。这些价格点从左侧开始，随机地上升。我们将多次模拟放在一起比较，会发现所谓的"扩散"现象。每次模拟，我们都要在 while 循环中更新价格曲线，这样才能看到曲线的变化。

6.3　让粒子扩散开
Let's Diffuse Some Particles

我们现在已经了解了怎样对三种不同的随机微分方程进行蒙特卡洛模拟。我们要进行的第一个模拟是布朗运动，然后是不带跳跃的几何布朗运动和带跳跃的几何布朗运动。后两种模拟可以使用相同的代码，如果不需要跳跃只需要把跳跃大小设为 0。

6.3.1 布朗运动
Brownian Motion

粒子要移动，为此我们要建立一个带有位置(x,y)和 Move 方法的 Particle 类。为了避免粒子穿过口袋的侧边，要设置好口袋的边界。一旦粒子从上方逃出了口袋，它的状态 done 就变为真（true），同时停止移动。

Diffuse/Lib/Particle.h
```
class Particle
{
public:
  Particle(float x = 0, float y = 0, float edge = 0,
    float max_x = std::numeric_limits<float>::max(),
    float max_y = std::numeric_limits<float>::max(),
    bool breakout = false)
  :
    x(x), y(y), edge(edge),
    max_x(max_x), max_y(max_y),
    done(false),
    breakout(breakout)
    {
    }
  void Move(float x_step, float y_step)
  {
    if (done) return;
    x += x_step;
    y += y_step;
    if (y < edge / 4)
    {
      done = true;
      return;
    }
    if (y > max_y) y = max_y;
    if (!breakout)
    {
      if (x < edge / 2) x = edge / 2;
      if (x > max_x) x = max_x;
    }
  }
  float X() const { return x; }
  float Y() const { return y; }
private:
```

```
  float x;
  float y;
  const float edge;
  const float max_x;
  const float max_y;
  bool done;
  const bool breakout;
};
```

粒 子 移 动 是 因 为 受 到 空 气 分 子 的 撞 击 。 我 们 用 std::normal_distribution 模拟撞击后的移动。注意这里撞击产生的移动为浮点类型 float。

```
Diffuse/Lib/Air.h
class Air
{
  std::mt19937 engine;
  std::normal_distribution<float> normal_dist;
  const float step;
public:
  Air(float step,
    unsigned int seed = 1)
    :
    step(step),
    engine(seed)
  {
  }
  float Bump()
  {
    return step * normal_dist(engine);
  }
};
```

这样模拟的前期准备工作就就绪了！

我们用 std::vector 来储存粒子，把它的头文件连同 Air 类和 Particle 类的头文件引入主函数。我们还要确定参与模拟的粒子数、粒子的初始坐标（start_x 和 start_y）、口袋的高度（height）和宽度（width），以及口袋边缘到窗口边缘的距离。还要用一个布尔值 breakout 设定粒子是否可

以穿过口袋侧边。为口袋的边缘设置线宽 lineWidth 可以避免粒子移动到边

线上。生成粒子时,借助循环将粒子一个一个加到 vector 里。

```
Diffuse/MC101/particle_main.cpp
std::vector<Diffuse::Particle> createParticles(size_t count,
  float start_x,
  float start_y,
  float lineWidth,
  float edge,
  float height,
  float width,
  bool breakout)
{
  std::vector<Diffuse::Particle> particles;
  for (size_t i = 0; i < count; ++i)
  {
    particles.emplace_back(
    start_x,
    start_y,
    edge + lineWidth,
    edge / 2 + width - 2 * lineWidth,
    edge / 2 + height - 2 * lineWidth,
    breakout
    );
  }
  return particles;
}
```

粒子初始化好之后,还需要空气。空气的初始化需要步长 step 和一个
随机数种子。如果你的编译环境支持 random_device,可以将它作为随机数
种子。确定好模拟的迭代次数;用 Bump 方法模拟空气分子对粒子的碰撞。

```
const float step = 7.5f;
std::random_device rd;
Diffuse::Air air(step, rd());
for (int i=0; i<sims; ++i)
{
  particle.Move(air.Bump(), air.Bump());
}
```

接下来,用前面介绍 SFML 时的代码来画图。在代码中引入所需的库,

按照下面的代码写出 action 函数，就可以看到粒子的布朗运动了。

```
Diffuse/MC101/particle_main.cpp
void action(size_t count, float step, bool breakout)
{
  std::stringstream title;
  title << "2D Brownian motion " << count << ", breakout " << breakout;
  const float height = 500.0f;
  const float width = 500.0f;
  const float edge = 50.0f;
  const float lineWidth = 5.0f;
  const auto bagColor = sf::Color(180, 120, 60);
  int max_x = static_cast<int>(width + edge);
  int max_y = static_cast<int>(height + edge);
  sf::RenderWindow window(sf::VideoMode(max_x, max_y),
            title.str());
  std::vector<Diffuse::Particle> particles =
    createParticles(count, max_x/2.0f, max_y/2.0f,
                  lineWidth, edge,
                  height, width, breakout);
  std::random_device rd;
  Diffuse::Air air(step, rd());
  bool paused = false;
  while (window.isOpen())
  {
    sf::Event event;
    while (window.pollEvent(event))
    {
      if (event.type == sf::Event::Closed)
        window.close();
      if (event.type == sf::Event::KeyPressed)
        paused = !paused;
    }
    window.clear();
    drawBag(window, lineWidth, edge/2, height, width, bagColor);
    sf::CircleShape shape(lineWidth);
    shape.setFillColor(sf::Color::Green);
    for(auto & particle: particles)
    {
      if (!paused)
        particle.Move(air.Bump(), air.Bump());
      shape.setPosition(particle.X(), particle.Y());
      window.draw(shape);
    }
```

```
            window.display();
            std::this_thread::sleep_for(std::chrono::milliseconds(100));
    }
}
```

代码会在循环中侦听事件 event，当键盘按键按下时暂停或继续模拟。
air 对象会改变粒子的坐标，让粒子移动。你可以用下面的 drawBag 函数画
出纸口袋。这一步不是必须的，但是它可以让你更清晰地看到粒子的扩散。

Diffuse/MC101/particle_main.cpp
```cpp
void drawBag(sf::RenderWindow & window,
    float lineWidth,
    float edge,
    float height,
    float width,
    sf::Color bagColor)
{
    sf::RectangleShape left(sf::Vector2f(lineWidth, height));
    left.setFillColor(bagColor);
    left.setPosition(edge, edge);

    sf::RectangleShape right(sf::Vector2f(lineWidth, height));
    right.setFillColor(bagColor);
    right.setPosition(edge + width, edge);

    sf::RectangleShape base(sf::Vector2f(width + lineWidth, lineWidth));
    base.setFillColor(bagColor);
    base.setPosition(edge, edge + height);

    window.draw(left);
    window.draw(right);
    window.draw(base);
}
```

这样我们就完成了第一个蒙特卡洛模拟。接下来模拟股票价格的代码
与模拟布朗运动的代码结构相似，每次都增加一点随机变化，只要修改位
置变化的部分即可。粒子的扩散围绕中心点进行，这是因为随机位移的均
值为 0。股票价格曲线也会随着时间的推移"扩散"。运行多次模拟，有些
曲线会高于其他曲线，但是平均下来，它们都会上升相同的漂移量。

6.3.2 股票价格
Stock Prices

接下来模拟股票价格，分为有跳跃变化和没有跳跃变化两种情况。两者的实现代码是相同的，如果不希望股价跳跃变化，只需要将跳跃值 `jump` 设置为 0。创建一个 `PriceSimulation` 类，其中的 `Next` 方法用于生成下一个股票价格。

```
Diffuse/Lib/PriceSimulation.h
class PriceSimulation
{
public:
  PriceSimulation(double price,
    double drift,
    double vol,
    double dt,
    unsigned int seed =
      std::chrono::high_resolution_clock::now().
                    time_since_epoch().count(),
    double jump = 0.0,
    double mean_jump_per_unit_time = 0.1);
  double Next();
private:
  double price;
  double drift;
  double vol;
  double dt;
  double jump;
  std::mt19937 engine;
  std::normal_distribution<> normal_dist;
  std::poisson_distribution<> poisson_dist;
};
```

用 engine 生成默认均值为 0、标准差为 1 的正态分布随机数。同时为泊松分布设置 dt 时间内发生跳跃变化的次数。如果不希望股价跳跃变化就将 jump 值设置为 0，否则将 jump 值设置为一个大于 0 的数。

```
Diffuse/Lib/PriceSimulation.cpp
PriceSimulation::PriceSimulation(double price,
```

```
        double drift,
        double vol,
        double dt,
        unsigned int seed,
        double jump,
        double mean_jump_per_unit_time)
    :
    price(price),
    drift(drift),
    vol(vol),
    dt(dt),
    engine(seed),
    jump(jump),
    poisson_dist(mean_jump_per_unit_time * dt)
{
}
```

用 Next 函数生成下一个的价格:

```
Diffuse/Lib/PriceSimulation.cpp
double PriceSimulation::Next()
{
    double dW = normal_dist(engine);
    double dn = poisson_dist(engine);
    double increment = drift * dt
        + vol * sqrt(dt) * dW
        + jump * dn;
    price += price * increment;
    return price;
}
```

第 3 行代码将股价变化量 dW 设置为正态分布随机数,而跳跃变化来自第 4 行的泊松分布。将这些值加起来,生成下一个股票价格。反复调用这个函数就能模拟股票价格的变化。

运行模拟前,还要确定漂移量、波动率、跳跃值等。时间参数 time 为口袋的宽度。dt 则为产生新价格的时间间隔,它的值越小,固定时间内产生新价格的次数就越多。将模拟价格记录下来,以便将它们画成曲线。

```
Diffuse/StockPrice/stock_main.cpp
std::vector<sf::Vertex> price_demo(unsigned int seed,
```

```
    double drift,
    double vol,
    double time,
    double dt,
    double jump,
    double mean_jump_per_unit_time)
{
    const double start_price = 50.0;
    Diffuse::PriceSimulation price(start_price,
        drift,
        vol,
        dt,
        seed,
        jump,
        mean_jump_per_unit_time);
    std::vector<sf::Vertex> points;
    const int count = static_cast<int>(time/dt);
    points.push_back(sf::Vector2f(0.0f,
static_cast<float>(start_price)));
    for(int i=1; i <= count+1; ++i)
    {
        auto point = sf::Vector2f(static_cast<float>(i*dt),
            static_cast<float>(price.Next()));
        points.push_back(point);
    }
    return points;
}
```

在 SFML 中画图。每个价格点都是一个 sf::Vertex 对象,将它们依次连接起来就形成了价格曲线。用前面讲过的办法画出口袋。股票价格从时间零点开始,每隔 dt 时间更新一次。我们希望曲线 x 方向的长度和口袋底边的长度相同,因此要设置一个缩放量 x_scale。每个价格点的高度为窗口高度减去股票价格,这是因为垂直方向的零点默认在上方,而我们希望它在下面。

```
Diffuse/StockPrice/stock_main.cpp
void action(const std::vector<std::vector<sf::Vertex>> & sims,
    float time,
    float height,
    std::string title)
```

```cpp
{
  const float edge = 30.0f;
  const float lineWidth = 5.0f;
  const float width = 500.0f;
  const float x_scale = width/time;
  const auto bagColor = sf::Color(180, 120, 60);
  sf::RenderWindow window(
    sf::VideoMode(static_cast<int>(width + 2*edge),
    static_cast<int>(height + 2*edge)),
    title);
  size_t last = 1;
  while (window.isOpen())
  {
    sf::Event event;
    while (window.pollEvent(event))
    {
      if (event.type == sf::Event::Closed)
        window.close();
        break;
    }
    window.clear();
    drawBag(window, lineWidth, edge, height, width, bagColor);
    last = std::min(++last, sims.begin()->size() - 1);
    for(const auto & points: sims)
    {
      bool out = false;
      for(size_t i=0; i < last; ++i)
      {
        auto scaled_start = sf::Vertex(
          sf::Vector2f(points[i].position.x * x_scale + edge,
          height - points[i].position.y),
          sf::Color::White);
        auto scaled_point = sf::Vertex(
          sf::Vector2f(points[i+1].position.x * x_scale + edge,
          height - points[i+1].position.y),
          sf::Color::White);
        sf::Vertex line[] = {scaled_start, scaled_point};
        window.draw(line, 2, sf::Lines);
      }
    }
    window.display();
    std::this_thread::sleep_for(std::chrono::milliseconds(50));
  }
}
```

　　模拟时可以尝试不同的参数，比如带跳跃变化和不带跳跃变化，还可以试试各种跳跃值；看看漂移量要设为多少才能让曲线逃出纸口袋；将波动率设为 0，看看曲线是不是变成了对数曲线；调高波动率又会发生什么？希望你能在实验中获得乐趣！

6.4　算法有效吗
Did It Work?

　　我们现实了三种模拟。第一种是纸口袋中的粒子运动，它们从口袋中心开始，渐渐扩散开（见图 6.6 左）。我们用 breakout 设置粒子能否穿过侧边。如果允许粒子穿过侧边，你可能会看到它们在侧边进进出出。粒子一旦从口袋上方离开口袋就会停止运动，所以我们会在窗口顶端看到粒子排成一条直线（见图 6.6 右）。

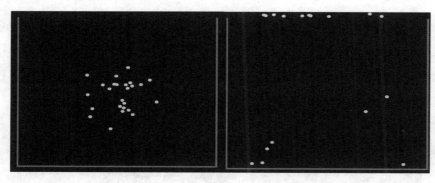

图 6.6　模拟粒子的布朗运动

　　模拟股票价格用到了更多参数。图 6.7 左边的模拟时间间隔为 0.1，漂移量为 0.2（即收益率为 20%），波动率为 0。在这种设置下，股价会上升，但无法逃出口袋。如果将漂移量设为 0.5，保持波动率为 0 不变，那么股价曲线就能逃出口袋（见图 6.7 右）。

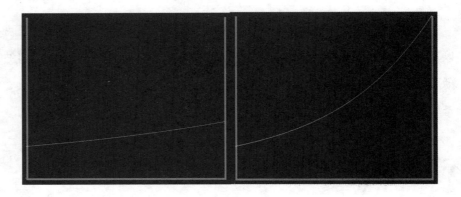

图 6.7　波动率为 0 的股票价格模拟曲线

　　没有波动率意味着整个过程中没有随机运动。接下来，我们把波动率设置为非零。这里我们一次性运行多个模拟，将它们的曲线画在一起（见图 6.8 左）。然后再加上带有跳跃变动的模拟（见图 6.8 右）。如果跳跃值是正数，股票价格只会向上跳跃，价格曲线就更有可能逃出口袋。图 6.8 左右各展示了 5 个模拟，它们的漂移量为 0.5，波动率为 0.1。图 6.8 左边的模拟没有跳跃变动，右边模拟的跳跃值为 0.5，发生跳跃的概率为 0.25（可以看到价格的突然变化）。你的模拟曲线可能会略有不同，不过它们都应该是上扬的。

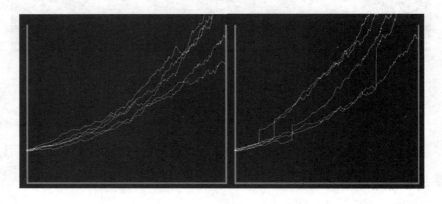

图 6.8　波动率非 0 的价格模拟曲线

这些模拟看上去可信度很高，但是怎么确定它们是正确的呢？就算代码通过了单元测试，也是不够的。

6.4.1　基于特性的测试
Property-Based Testing

我们来考虑另一种验证代码的方式。当代码中存在随机数时，测试会变得很困难。我们可以使用一个确定的随机数种子，而不是 `random_device` 产生的随机数。这样代码每次生成的随机数序列将是相同的。这可以解决回归测试的问题。如果更改代码后结果发生了变化，那么单元测试是可以检测出问题的。可是这种方法并不能从根本上解决由随机性带来的测试问题。

随机性的存在会让每一次模拟的值都不一样，但是这些值的某些特性是不变的。你能想出是哪些特性吗？比如说，如果初始股价为 0，那么股价会始终保持为 0。诸如此类的特性可以用来测试代码。我们来看看，怎样从单元测试出发完成基于特性的测试。

运行模型时，我们选择了均值、方差等参数。我们不可能把所有可能的均值和方差都拿来做单元测试，因此需要随意挑选一些参数值来测试，找出不满足特性的参数值。我们将采用一个基于特性的测试库 QuickCheck[6]，这个库只有一个头文件，简单易用。你只需要将 git 仓库克隆下来，然后在函数中引用头文件就可以了。当然，你也可以采用其他测试库[7]。

基于特性的测试随机挑选一些参数值，然后找出不满足特性的参数值。有些测试还会进一步采用适应度函数寻找不符合要求的值，你可以试着自

---

[6]　http://software.legiasoft.com/git/quickcheck.git
[7]　https://github.com/emil-e/rapidcheck

己写这样的测试。Haskell 的 QuickCheck 是经典的基于特性的测试包[8]，很多语言的同类测试包从它发展而来。我们使用的是 C++版本的 QuickCheck。首先，写一个股票价格从 0 开始的单元测试，然后将这个测试变为基于特性的测试。

在没有跳跃变动的情况下，如果初始股价为 0，那么股价会始终保持为 0。我们用 C++的单元测试库 Catch 来写第一个测试。

首先，让 Catch 生成一个主函数 main。

```
#define CATCH_CONFIG_MAIN
```

然后在代码中引入头文件 catch.hpp。每个测试都有一个名字、一个标签和一个断言宏（例如 REQUIRE）。下面的代码测试初始股价为 0 的代码是否始终保持价格为 0。

Diffuse/UnitTests/UnitTests.cpp

```cpp
TEST_CASE("A stock price simulation starting at 0 remains at 0",
"[Property]")
{
  const double start_price = 0.0;
  const double dt = 0.1;//or whatever
  const unsigned int seed = 1;//or whatever
  Diffuse::PriceSimulation price(start_price, 0.3, 0.2, dt, seed);
  REQUIRE(price.Next() == 0.0);
}
```

REQUIRE 宏检查生成的下一个价格是否为 0。除了初始价格 start_price 要设置为 0，还需要设置其他参数。那么怎么选择这些参数呢？硬编码几个数吗？那样会不会漏掉一些边界情况呢？

基于特性的测试框架都带有生成器（generator），用来生成各种类型的数据。C++版的 QuickCheck 提供了支持 C++内建类型的生成器。我们需

---

[8] https://hackage.haskell.org/package/QuickCheck

要过滤掉不能用的参数，例如负时间间隔。在测试类的末尾，声明我们希望检查的特性。如果初始股价为 0，我们希望股价始终保持为 0。

在代码中引入 quickcheck.hh 头文件。建立 ZeroStartPriceGenerator 类，其中包括 PriceSimulation 成员对象和一个用于设置所有参数的 reset 函数。

`Diffuse/StockPriceTest/PropertyBasedTests.cpp`
```cpp
class ZeroStartPriceGenerator
{
public:
  ZeroStartPriceGenerator() : price_(0.0, drift_, 0.0, 0.1) {}
  void reset(double drift, double dt, int sims, unsigned int seed)
  {
    drift_ = drift;
    dt_ = dt;
    sims_ = sims;
    seed_ = seed;
    price_ = Diffuse::PriceSimulation(0.0, drift_, 0.0, dt_, seed);
  }
  double Seed() const { return seed_; }
  double Drift() const { return drift_; }
  double Dt() const { return dt_; }
  int Sims() const { return sims_; }
  std::vector<double> prices() const
  {
    std::vector<double> prices;
    for(int i=0; i<sims_; ++i)
      prices.push_back(price_.Next());
    return prices;
  }
private:
  double drift_;
  double dt_;
  int sims_;
  double seed_;
  mutable Diffuse::PriceSimulation price_;
};
```

然后将这个类用在 ZeroStartPriceGivesZero 特性类中对模拟进行测试。

```
Diffuse/StockPriceTest/PropertyBasedTests.cpp
class ZeroStartPriceGivesZero : public Property<ZeroStartPriceGenerator>
{
  bool holdsFor(const ZeroStartPriceGenerator& gen)
  {
    std::vector<double> xs = gen.prices();
    for(const auto & p : xs)
    if (p != 0.0) return false;
    return true;
  }
  bool accepts(const ZeroStartPriceGenerator& gen)
  {
    return gen.Dt() > 0.0;
  }
};
```

我们在 holdsFor 中检查特性是否被满足。如果生成的价格不为 0，意味着模拟发生了错误，此时要返回 false。测试框架会汇报出错时使用的参数值。我们可以将这些引发错误的参数值写入单元测试，或者直接修正代码。

接下来，再为类添加一个重载方法 generate，使用内建的生成器生成整数型和浮点型参数，用 reset 函数设置参数。

```
Diffuse/StockPriceTest/PropertyBasedTests.cpp
void generate(size_t n, ZeroStartPriceGenerator & out)
{
  double drift, dt;
  int sims;
  unsigned int seed;
  generate(n, drift);
  generate(n, dt);
  generate(n, sims);
  generate(n, seed);
  if (dt < 0) dt *= -1;//filter out negatives
  out.reset(drift, dt, sims, seed);
}
```

在 main 函数中声明希望检查的特性，框架会自动生成一系列测试。选择测试运行次数，比如 100 次。

```
int main()
{
  ZeroStartPriceGivesZero zeroStartPrice;
  zeroStartPrice.check(100);
}
```

运行代码，我们应该可以看到：

```
OK, passed 100 tests.
```

除了初始股价为零则股价始终为零外，还有如下特性可供测试：

- 波动率为 0 的股票价格曲线的平均移动会接近漂移量；
- 布朗运动粒子的平均位移是 0；
- 布朗运动粒子位移的方差是 1。

如果基于特性的测试恰好没有遇到不满足特性的参数组合，那么测试显然是可以通过的。不过只要生成的组合足够多，我们就不必为漏掉边界情况担心。还有一种叫收缩器（shrinker）的方法，可以主动寻找不符合条件的参数值。感兴趣的读者可以阅读 Hypothesis 博客上的文章[9]。

基于特性的测试是单元测试很好的补充。它很适合用来测试涉及随机量的代码。此外，它也能用于测试确定性的代码。

6.5 拓展学习
Over to You

本章建立了三种模拟，学习使用了两种统计学分布，了解了如何在 C++中画图，以及基于特性的测试。这三种模拟都用到了随机微分方程，它们都属于一种特殊的随机过程——马尔科夫过程，即下一个状态只依赖于当前状态。

---

[9] http://hypothesis.works/articles/integrated-shrinking

现在，想想怎样为代码添加其他基于特性的测试。你手上项目的单元测试里有没有"魔法数"？把这种测试转化为基于特性的测试，看看效果怎么样。

此外，你还可以试试其他模型。股票价格模型倾向于随时间增长，而利率模型几乎总是满足均值回归的，也就是说，利率会时上时下，在均值附近徘徊。这也可以作为一个特性来测试。Vasicek 模型是几种常见的利率模型之一，模型中的利率不会随时间逐渐增长，而是在均值附近摆动。Vasicek 模型使用的随机微分方程为：

$$dr_t = a(b - r_t)dt + sdW_t$$

其中包含我们介绍过的 dW，以及一些常数，均值回归速度（a），长期均值（b）、波动率（s）。有关价格模型的更多介绍可以参考《Options, Futures and Other Derivatives》[Hul06]一书。

随机模拟还有很多应用。总的来说，蒙塔卡洛模拟是一种通过试错解决问题的方法。有些随机模型比起机器学习更像是统计学习。这两者的界限比较模糊，结构框架也相似。

第 7 章将利用本章知识和适应度函数控制蜂群运动。蜂群会集体出动，在纸口袋里探索，最后嗡嗡地飞出去。这将是另一种群体智能算法。蜂群最终会收敛到单一解上。我们会复习遗传算法中的锦标赛法和转轮赌选择法。同时我们还会借助粒子群算法，让蜂群移动达到局部最优和全局最优。

第 7 章

蜂群算法
Buzz! Converge on One Solution

第 6 章模拟了几种扩散模型，并在 C++中画出了模拟结果。我们还学习了测试含有随机元素的代码。粒子在模拟中按照预期扩散，然而却花了很长时间才逃出口袋。如果想提高粒子的逃离速度，必须人为修改参数，甚至要禁止模拟中的随机行为。

你一定想知道怎样让粒子更快逃出口袋。通过学习粒子群优化算法和蚁群算法，你已经掌握了群体智能算法的基础。本章继续这方面的学习。这次我们的研究对象是蜜蜂。想象纸口袋里有一群飞舞的蜜蜂在寻找食物，当蜜蜂发现口袋外面有更好的食物来源时，它们会放弃当前的蜂巢，集体飞向新家。

本章的算法仍然会用到循环。如果所有蜜蜂都飞出了口袋，我们就停止循环。蚂蚁借助路径上的信息素相互交流，蜜蜂也有相互交流的机制。

蜜蜂归巢后，会通过跳摇摆舞的方式和其他蜜蜂交流信息。这种机制称为**共识主动性**（stigmergy），即算法中的智能体通过交流获得群体智能。

本章将对基础算法进行简单的调整，以便解决新问题。我们还会介绍利用局部信息和全局信息解决问题的新方法。我们会编写**抽象蜂群算法**（abstract bee colony，ABC），并由你来思考怎样改进算法。

一般来说，机器学习算法框架都不是通用的，总是需要为特定问题进行设计。你几乎总是要选择合适的参数。有时参数选不好，算法甚至运行不起来。遇到这种情况时不要慌张，可以多做点尝试。

7.1　养蜂
Your Mission: Beekeeping

蜂群中的蜜蜂有不同的职责。**工蜂**负责采集食物（花粉），**侦查蜂**负责寻找食物，**待命蜂**则在蜂巢等待。我们在口袋顶端放一些质量稍好的食物，在口袋外面放了一些质量最好的食物，然后用适用度函数引导蜜蜂寻找质量更好的食物。蜜蜂会学习向上飞，找到口袋外面的食物。只要蜜蜂找到质量最好的食物，我们也就找到了问题的最优解。

7.1.1　让蜜蜂行动起来
Get Your Bees Buzzing

首先，我们在口袋右下角放置一处食物。你也可以在多处放置食物，但是从简单的情况开始会更容易。你也可以在其他地点放置食物（如果放在口袋顶端附近，蜜蜂会更快地逃出口袋）。将蜂巢放置在口袋底部（见图 7.1），或者放在口袋里任何地方。

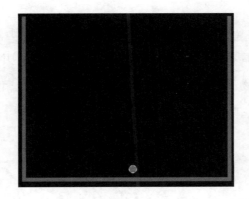

图 7.1   放置在口袋底部的蜂巢

蜂巢在图中是可见的，而食物是不可见的。三种蜜蜂分工不同。我们用不同的颜色和形状区分三种蜜蜂。随着时间推移，蜜蜂会找到越来越多的食物，相互合作，最终学会从口袋中飞出去。

7.1.2   蜜蜂的分工
The Many Roles of Bees

第一处食物可以视为局部信息。工蜂会直接从蜂巢飞向第一处食物，沿途轻微摇摆，采集花粉后返回蜂巢。图 7.2 展示了工蜂的飞行方式。

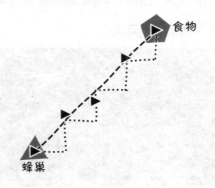

图 7.2   工蜂的飞行方式

侦查蜂可以飞得更远，能在更大的范围内寻找食物。侦查蜂的行为可以视为算法的全局搜索，它们的随机运动更像扩散模型中的粒子。侦查蜂对已经发现的食物不感兴趣，而是希望发现更好的食物。图 7.3 展示了侦查蜂的飞行方式，它随机飞行，轨迹呈向上的趋势。

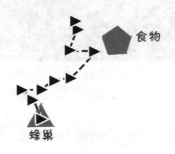

图 7.3 侦查蜂的飞行方式

最后，待命蜂会记住已经找到的食物位置，它们在蜂巢待命，等待工蜂和侦查蜂返巢。

三种蜜蜂相互合作。工蜂会径直飞向预先放置在右下角的食物（见图 7.4）。侦查蜂则会向上飞，寻找未知的食物。待命蜂则在蜂巢中等待。图 7.4 左侧是蜜蜂刚刚出动时的情形，右侧是工蜂到达右下角处食物的情形，此时，侦查蜂已经飞到了口袋中央。

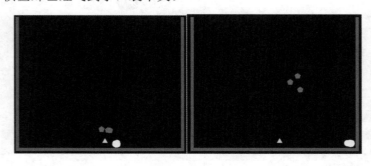

图 7.4 蜜蜂出动

外出的蜜蜂最后会返巢，把自己发现的食物地点告诉同伴。真正的蜜蜂会用跳摇摆舞的方式交流。我们不需要编写代码让程序中的蜜蜂跳摇摆舞，不过可以让它们在等待其他蜜蜂时左右摇摆（只是为了视觉效果）。

什么是摇摆舞

蜜蜂返巢时会跳 8 字形的舞蹈。8 的中轴线指向食物，8 的长短代表蜂巢到食物距离的远近。蜜蜂会根据太阳的位置调整舞蹈方向。食物的位置越好，它们跳得越快，以便吸引其他蜜蜂的注意。

图 7.5 是蜜蜂跳摇摆舞的示意图（非真实比例），其中上方的圆形代表太阳，六边形代表蜂巢，右侧的黑点代表食物。

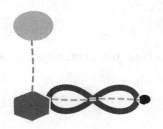

图 7.5　蜜蜂的摇摆舞

真蜜蜂根据舞蹈寻找食物。程序中的蜜蜂则借助适应度函数判断什么样的食物更好。在适应度函数的指引下，蜜蜂会逐渐找到更好的食物，直至蜂群飞出口袋。

7.1.3　算法总览
Overview of ABC

我们希望蜜蜂找到口袋外面的食物后一起飞出口袋。然而，要让两只蜜蜂就最好的食物位置达成共识很困难，让整个蜂群达成共识就更难了。因此，我们需要一点"小花招"。办法是在所有外出蜜蜂回来时检查每只蜜蜂发现的食物位置，如果所有食物位置都在口袋外面，那么只要选出最好的食物位置就行了。

7.2 算法分析
How to Feed the Bees

算法用伪代码写出来是这样的：

```
For a while
  Go out
    Worker bees
      get food from a known food source
        and explore nearby
    Inactive bees
      wait at home
    Scout bees
      explore remembering the better food sources
  Go Home
  Waggle dance
    recruit bees
  Maybe swarm
```

三种蜜蜂各司其职。绘图时，我们用不同的形状和颜色区分三种蜜蜂。

7.2.1 算法细节
Decisions to Make

要让算法顺利运行，还需要考虑一些细节：

- 蜜蜂的出发点（蜂巢）在什么地方？

- 在哪里放置食物？

- 蜜蜂怎样选择更好的食物位置？

- 三种蜜蜂各有多少只？

- 怎样指派蜜蜂的角色？

- 怎样设计适应度函数？

- 蜜蜂怎么样交换信息？

我们将蜂巢放在口袋底部。如果蜂巢靠近口袋顶端，那么蜜蜂很快就能飞出口袋。我们希望增加一点难度，以便验证算法的可行性。处理实际问题时，你可以选择最简单的情况作为算法的起始点，或者让算法从随机位置开始。

我们首先告诉蜜蜂在口袋的右下角有食物。它们可能还会发现其他事先不知道的食物位置。在某些问题中，地点的选择是受限的，比如在旅行商人的问题里，商人需要访问特定的位置。但是在本例中，食物的具体位置不会影响算法，食物可以放在任何位置。蜜蜂依靠适应度函数选择更好的食物位置。在本例中，我们假设更高的位置更好，因此可以根据 y 坐标的大小选择更好的位置。

我们用枚举（enumeration）值表明蜜蜂的种类。在 main 函数中声明三个变量，用于存放三种蜜蜂的数量，之后可以调整比例。如果所有的蜜蜂都是待命蜂，那么蜂群不会进行任何探索。如果所有蜜蜂都是工蜂，它们需要很长时间才能找到通往口袋外面的路线，因为工蜂每次探索的区域非常小。要让算法正常工作，蜂群最少要有三只蜜蜂，每种蜜蜂至少有一只。

我们将建立蜂巢类 Hive 来控制蜂群的行动，用其中的 update_bees 函数驱动蜂群的探索。探索的总步数 steps 需要提前确定。每次探索结束后，用 go_home 方法让蜂群返巢。如果所有蜜蜂的食物都在口袋外面，就调用 swarm 函数让所有蜜蜂飞向新家。此外，蜜蜂归巢后会跳摇摆舞交换信息。

7.2.2 摇摆舞
Waggle Dance

虚拟的蜜蜂并不需要通过跳舞的方式传递信息。我们可以画出蜜蜂左右摇摆的样子模拟舞蹈，同时使用其他代码让蜜蜂共享信息。

有一种共享信息的方式是随机挑选两只蜜蜂，交换它们的职能，然后用适应度函数比较它们记住的食物位置，找出最好的位置。两只蜜蜂会各自更新最好的食物位置，并在下次出发时使用更新后的位置。工蜂可能会在新位置附近找到更好的食物，而侦查蜂会飞到更远的地方，寻找更好的食物。至于待命蜂，它们会保存之前探索的最好位置，以防当前的探索不顺利。这样的操作可以让蜂群拥有长期记忆。

除了每次都选择最好的位置，我们还可以像遗传算法那样用概率做决策（转轮赌选择法或锦标赛法）。记住，如果只选当下最好的结果，那有可能错失更好的结果。为了避免发生这种情况，我们往往需要留出更多的探索空间。不过在本例中，每次选最好的位置并不影响蜜蜂飞出口袋，代码也会更简洁。

7.3 让蜜蜂飞起来
Let's Make Some Bees Swarm

我们仍然用 C++编写程序，用 SFML 画图。我们将蜜蜂类 Bee 封装在一个静态库中（Bees 文件夹）。主项目 ABC（abstract bee colony）和单元测试会调用这个库。我们先看这个库是怎样实现的。相应的测试代码可以从随书网站下载。

7.3.1 蜂群算法的实现
Code Your ABC

首先，要定义一个坐标结构体 Coordinate：

```
Buzz/Bees/Bee.h
struct Coordinate
{
  double x;
  double y;
};
```

然后是蜜蜂类 Bee。在这个类中，我们要定义蜂巢的位置 home、蜜蜂当前位置 position、食物位置 food，以及职能 role。蜜蜂从蜂巢出发，buzz 是蜜蜂在某个位置的活动范围。

```
Buzz/Bees/Bee.h
class Bee
{
public:
  explicit Bee(Role role,
    Coordinate position = { 0.0, 0.0 },
    Coordinate food = { 0.0, 0.0 },
    double buzz = 5.0)
    : role(role),
    position(position),
    home(position),
    buzz(buzz),
    food(food)
  {
  }
  Role get_role() const { return role; }
  void communicate(Role new_role, Coordinate new_food);
  void scout(double x_move, double y_move);
  void work(double x_move, double y_move);
  void go_home();
  bool is_home() const
  {
    return (position.y > home.y - buzz)
        && (position.y < home.y + buzz)
        && (position.x > home.x - buzz)
        && (position.x < home.x + buzz);
```

```
  }
  void waggle(double jiggle);
  Coordinate get_pos() const { return position; }
  Coordinate get_food() const { return food; }
  void move_home(Coordinate new_home)
  {
    home = new_home;
  }
private:
  Role role;
  Coordinate position;
  Coordinate home;
  Coordinate food;
  const double buzz;
};
```

除了上述几个变量，我们还定义了获取蜜蜂当前位置的函数 get_pos，以及查看蜜蜂当前职能的函数 get_role。is_home 函数用于判定蜜蜂是否在蜂巢 buzz 范围内。move_home 函数将蜂巢迁移到新位置。

另外，我们还需要一个蜂巢类 Hive。这个类会更新所有蜜蜂的信息，告诉它们何时返巢，并判断它们是否都已经归巢。

Buzz/Bees/Bee.h
```
class Hive
{
public:
  Hive(int number_workers,
    int number_inactive,
    int number_scout,
    Coordinate start_pos, Coordinate food, float buzz, int steps);
  std::vector<BeeColony::Bee> get_bees() const
  {
    return bees;
  }
  void update_bees();
  void swarm();
  bool all_home();
private:
  std::vector<Bee> bees;
  const size_t steps;
  size_t step;
```

```
std::mt19937 engine;
std::normal_distribution<double> normal_dist;
std::uniform_int_distribution<> uniform_dist;
void waggle_dance();
void explore();
};
```

　　蜜蜂的移动符合正态分布 normal_dist，而在交换蜜蜂职能和蜜蜂相互交换信息时，我们使用均匀分布 uniform_dist。在类初始化时，我们设定具体的蜜蜂数量。每种蜜蜂有各自的数量。每一只蜜蜂都有均等的机会被选到。然后在构造器中生成足够的蜜蜂，为每只蜜蜂设置好起始位置、初始食物位置，以及探索的总步数，代码如下：

Buzz/Bees/Bee.cpp
```
Hive::Hive(int number_workers,
    int number_inactive,
    int number_scout,
    Coordinate start_pos, Coordinate food, float buzz, int steps)
    : bees(bees), steps(steps), step(0u),
    engine(std::random_device()()),
    uniform_dist(0, number_workers+ number_inactive+ number_scout - 1)
{
  for (int i = 0; i < number_inactive; ++i)
  {
    bees.emplace_back(Role::Inactive, start_pos, food, buzz);
  }
  for(int i=0; i < number_workers; ++i)
  {
    bees.emplace_back(Role::Worker, start_pos, food, buzz);
  }
  for(int i=0; i < number_scout; ++i)
  {
    bees.emplace_back(Role::Scout, start_pos, food, buzz);
  }
}
```

　　Hive 类中定义的 update_bees 函数，会让蜜蜂出巢或是回巢。每只蜜蜂的职能 role 决定了它们的行为方式。工蜂 Worker 和侦查蜂 Scout 出巢时，待命蜂在巢中等候。蜜蜂飞行时可能会发现质量更好的食物，它会根据适

应度函数记住新的位置。这里，我们根据食物的高度（Coordinate 中的 y）
判断食物质量。

Buzz/Bees/Bee.h
```cpp
inline double quality(Coordinate position)
{
  return position.y;
}
```

有了质量函数 quality，就可以用适应度函数决定那个位置更好了。

蜜蜂有四种状态：出巢寻找食物、归巢、左右摇摆（仅仅为了视觉效
果），以及跳传递信息的摇摆舞（waggle_dance）。所有这些功能都在
update_bees 函数中实现。

Buzz/Bees/Bee.cpp
```cpp
void Hive::update_bees()
{
  //either moving or waggling then updating
  if (++step < steps)
  {
    explore();
  }
  else if(!all_home())
  {
    for(auto & bee : bees)
    {
      if (!bee.is_home())
        bee.go_home();
      else
        bee.waggle(normal_dist(engine));
    }
  }
  else
  {
    waggle_dance();
  }
}
```

我们一起看看余下的代码。首先，用 explore 函数让蜜蜂出巢探索：

Buzz/Bees/Bee.cpp
```cpp
void Hive::explore()
{
  for (auto & bee : bees)
  {
    switch (bee.get_role())
    {
    case Role::Worker:
    bee.work(normal_dist(engine), normal_dist(engine));
      break;
    case Role::Scout:
      bee.scout(normal_dist(engine), normal_dist(engine));
      break;
    }
  }
}
```

蜜蜂的移动由正态分布的随机数决定（参考第 6.2.1 节模拟掷骰子的例子）。侦查蜂和工蜂的移动由水平方向的分量和竖直方向的分量组成。normal_dist 默认均值是 0，方差是 1。这意味着有大约三分之二的可能性生成的随机数在 -1 到 1 之间，有 95%的可能性生成的随机数在 -2 到 2 之间[1]。前面在蜜蜂类中设定的 buzz 变量用于对产生的随机数进行缩放。我们将侦查蜂设置成每次都更新质量更好的食物位置。

Buzz/Bees/Bee.cpp
```cpp
void Bee::scout(double x_move, double y_move)
{
  Coordinate new_pos{position.x + buzz * x_move, position.y + buzz *
           y_move};
  double new_quality = quality(new_pos);
  if (new_quality > quality(position))
  {
    food = new_pos;
    position = new_pos;
  }
}
```

以上代码每次都会选择更好的食物位置。之前提到过，你可以让这一

---

[1] https://en.wikipedia.org/wiki/68%E2%80%9395%E2%80%9399.7_rule

过程概率化，允许每次选择稍差的位置。

工蜂每次的飞行距离大概只有侦查蜂的一半。工蜂会直接飞向食物，沿途轻微晃动（参见图 7.2）。代码根据食物质量 quality，将晃动值、x 方向的移动分量、y 方向的移动分量和蜜蜂当前位置 position 相加，让蜜蜂移动到新位置。

```
Buzz/Bees/Bee.cpp
void BeeColony::move(Coordinate & from, const Coordinate to, double step)
{
  if (from.y > to.y)
    from.y -= step;
  if (from.y < to.y)
    from.y += step;
  if (from.x < to.x)
    from.x += step;
  if (from.x > to.x)
    from.x -= step;
}
void Bee::work(double x_move, double y_move)
{
  move(position, food, buzz/2.0);
  double new_quality =
    quality({ position.x + x_move, position.y + y_move });
  if (new_quality >= quality(position))
  {
    position.x += x_move;
    position.y += y_move;
  }
}
```

注意侦查蜂会更新食物位置，而工蜂没有这一操作。此操作对工蜂来说是可选的。此外，待命蜂在巢中等待，我们不需要为它们编写行动代码。

我们用当前步数 step 跟踪蜜蜂的探索过程。当蜜蜂走完总步数 steps 后，用 go_home 函数命令蜜蜂返巢。返巢和寻找食物都使用 move 函数，只是目的地不一样。

Buzz/Bees/Bee.cpp
```cpp
void Bee::go_home()
{
  if (!is_home())
  {
    move(position, home, buzz);
  }
}
```

用作视觉效果的左右摇摆函数 waggle 如下：

Buzz/Bees/Bee.cpp
```cpp
void Bee::waggle(double jiggle)
{
  if (get_role() == Role::Inactive)
    return;
  position.x += jiggle;
}
```

蜜蜂等待同伴返巢时会左右摇摆。所有蜜蜂归巢后，用 waggle_dance 函数共享食物信息。每只蜜蜂随机挑选另一只蜜蜂交流，然后重置当前步数，重新出发探索。

Buzz/Bees/Bee.cpp
```cpp
void Hive::waggle_dance()
{
  for (auto & bee : bees)
  {
    const size_t choice = uniform_dist(engine);
    const auto new_role = bees[choice].get_role();
    const auto new_food = bees[choice].get_food();
    bees[choice].communicate(bee.get_role(), bee.get_food());
    bee.communicate(new_role, new_food);
  }
  step = 0;
}
```

蜜蜂用 communicate 函数交换职能，并根据食物质量更新食物位置：

Buzz/Bees/Bee.cpp
```cpp
void Bee::communicate(Role new_role, Coordinate new_food)
{
```

```
    role = new_role;
    if (quality(new_food) > quality(food))
    {
      food = new_food;
    }
}
```

蜜蜂交换职能后，三种蜜蜂各自的数量保持不变。在处理实际问题时，可以改变三种蜜蜂的数量比例。例如，当发现很难找到解时，可以增加侦查蜂的数量，扩大蜂群的探索范围；或者增加待命蜂的数量，让算法记住更多的可能解。这时，你需要为每只蜜蜂指定新职能，而不能仅仅交换蜜蜂的职能。

蜂群算法的最后一步是当所有蜜蜂都找到口袋外的食物后，蜂群迁移到新巢。我们根据每只蜜蜂的食物位置和目标位置的关系决定是否迁移。

Buzz/Bees/Bee.cpp
```cpp
bool BeeColony::should_swarm(
    const std::vector<BeeColony::Bee> & bees,
    double target)
{
  return bees.end() == std::find_if(bees.begin(), bees.end(),
    [target](const Bee & bee) {
      return quality(bee.get_food()) < target;
  });
}
```

决定迁移后（即 should_swarm 返回值为 true），将所有蜜蜂的蜂巢位置设置为最好的食物位置。

Buzz/Bees/Bee.cpp
```cpp
void Hive::swarm()
{
  double best_x = -1.0, best_y = -1.0;
  for(const auto & bee : bees)
  {
    if(quality(bee.get_food()) > best_y)
    {
      best_y = bee.get_food().y;
```

```
      best_x = bee.get_food().x;
    }
  }
  for(auto & bee : bees)
  {
    bee.move_home({ best_x, best_y });
  }
  step = steps;
}
```

最后将当前步数 step 设置为最大值，停止探索。算法就全部完成了。

7.3.2 蜂群算法的可视化
Display Your ABC

算法的可视化在 action 函数中进行。像第 6 章一样，画出口袋，然后在窗口 window 打开的情况下用 update 函数更新视图。

```
Buzz/ABC/main.cpp
void action(BeeColony::Hive hive,
  float width,
  float edge,
  float bee_size = 10.0f)
{
  const float lineWidth = 10.0f;
  const float height = 400.0f;
  const auto bagColor = sf::Color(180, 120, 60);
  sf::RenderWindow window(
    sf::VideoMode(
      static_cast<int>(width + 2*edge),
      static_cast<int>(height + 2*edge)
    ),
    "ABC");
  bool paused = false;
  bool swarmed = false;
  while (window.isOpen())
  {
    sf::Event event;
    while (window.pollEvent(event))
    {
      if (event.type == sf::Event::Closed)
```

```
          window.close();
        if (event.type == sf::Event::KeyPressed)
          paused = !paused;
      }
      window.clear();
      draw_bag(window, lineWidth, edge, height, width, bagColor);
      if (!paused)
      {
        hive.update_bees();
        if (!swarmed && should_swarm(hive.get_bees(), height + bee_size))
        {
          hive.swarm();
          swarmed = true;
        }
      }
      draw_bees(hive.get_bees(), window, bee_size, edge, width, height +
edge);
      window.display();
      std::this_thread::sleep_for(std::chrono::milliseconds(50));
    }
}
```

画蜜蜂时要确保它们不会超出口袋边缘，这样做是为了显示效果，不过在解决实际问题时可以用类似的操作排除不可行的解。

```
Buzz/ABC/main.cpp
void draw_bees(const std::vector<BeeColony::Bee> & bees,
  sf::RenderWindow & window,
  float size,
  float edge,
  float width,
  float height)
{
  for(const auto & bee : bees)
  {
    sf::CircleShape shape = bee_shape(size, bee.get_role());
    float x = static_cast<float>(edge + size + bee.get_pos().x);
    if (x > edge + width - 2*size)
      x = edge + width - 2*size;
    if (x < edge + 2*size)
      x = edge + 2*size;
    float y = height - 2 * size - static_cast<float>(bee.get_pos().y);
    shape.setPosition(x, y);
```

```
      window.draw(shape);
   }
}
```

我们用不同颜色的多边形表示三种蜜蜂。最简单的方式是用 SFML 的
"圆"对象 CircleShape，指定"圆"的顶点数量 setPointCount。CircleShape
对象默认有 20 个顶点，在显示器上看起来非常像一个圆。用不同的顶点个
数画出不同的多边形。

```
Buzz/ABC/main.cpp
sf::CircleShape bee_shape(float size, BeeColony::Role role)
{
  sf::CircleShape shape(size);
  switch (role)
  {
    case BeeColony::Role::Worker:
    {
      shape.setPointCount(20);
      shape.setFillColor(sf::Color::Yellow);
    }
    break;
    case BeeColony::Role::Inactive:
    {
      shape.setPointCount(3);
      shape.setFillColor(sf::Color::Cyan);
    }
    break;
    case BeeColony::Role::Scout:
    {
      shape.setPointCount(5);
      shape.setFillColor(sf::Color::Magenta);
    }
    break;
  }
  return shape;
}
```

在主函数 main 中调用 action 函数就可以看到蜜蜂的运动了。你可以试
着改变三种蜜蜂的数量，看看会发生什么。

7·4 算法有效吗
Did It Work?

让我们回顾一下。首先，我们设定了蜂巢和第一处食物的位置。然后我们设置了三种蜜蜂的数量（10 只工蜂、3 只侦查蜂、5 只待命蜂）。蜜蜂数量会影响蜜蜂探索的次数。

以下三种极端情况可以帮助我们理解各种蜜蜂的作用：

- 如果只有一只待命蜂，算法什么也不会做。

- 如果只有一只工蜂，它只会在一个固定点采集食物，在固定点附近探索。它需要相当长的时间它才能逃出口袋。

- 如果只有一只侦查蜂，它会比较快地逃出口袋，但是整个算法就不会涉及任何机器学习的内容。

在使用示例代码中的蜜蜂数量时，蜂群大概要经历 600 次更新才能逃出口袋。而将三种蜜蜂的数量各设为 1 时，它们平均要经历大约 400 次更新才能逃出口袋，但是有时更新次数远大于平均值。将三种蜜蜂的数量各设为 5 时，它们平均要经历大约 500 次更新才能逃出口袋，而且每次模拟的结果比较接近，这时看起来更像群体合作。你可以试着找出让蜂群更像"群体合作"的临界值。

只要蜜蜂数量设置恰当，蜂群总是可以逃出口袋的，因为我们引导蜜蜂一直向上飞。尽管每次模拟时蜜蜂挑选的路线有差异，但总趋势是一致的。工蜂会很快地找到食物。图 7.6 中圆形的工蜂找到了两处食物，一处在右下角，另一处稍微靠上。

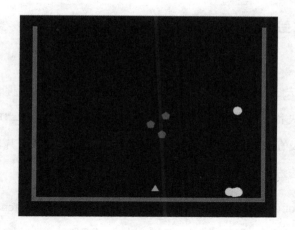

图 7.6　工蜂找到两处食物

蜂群会逐渐发现更多的食物。最终，所有蜜蜂都会找到口袋外的食物。
这时，蜂群会迁移到其中最好的位置（见图 7.7）。

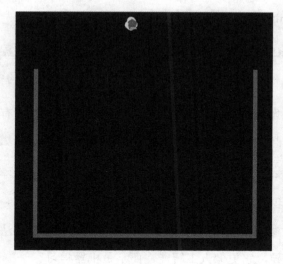

图 7.7　蜂群迁移到口袋外面

我们成功让蜜蜂迁移到了新家！

7·5 拓展学习
Over to You

蜂群算法结合使用了侦查蜂的全局搜索和工蜂的局部搜索。这种方式可以用来解决各种实际问题，例如训练神经网络、提高自动电压调节系统的性能，以及在数据挖掘中选取聚类和特征[2]，等等。下面几篇文章是关于使用蜂群算法进行软件测试的：

- Automated Software Testing for Application Maintenance by using Bee Colony Optimization Algorithms (BCO).[3]

- An Approach in the Software Testing Environment using Artificial Bee Colony (ABC) Optimization.[4]

- Testing Software Using Swarm Intelligence: A Bee Colony Optimization Approach.[5]

James McCaffrey 在一篇文章中介绍了用蜂群算法解决旅行商人问题的方法[6]。他将这种方法称为"模拟蜂群"——这是蜂群算法的多种名称之一。

受自然启发的群体智能算法除了我们介绍的几种，还有以下几种：萤火虫算法、猫群算法、蟑螂侵扰算法、鱼群算法、蛙跳算法。

我们已经介绍了好几种机器学习算法。第 8 章将学习一种新算法——元胞自动机。我们会随机生成一些元胞，然后用规则控制每个元胞的生死。元胞自动机根据规则变化时，会涌现出各种图案。这种算法和群体智能算法有较大的差异，它更像人工智能，而不是机器学习。

---

2 http://dl.acm.org/citation.cfm?id=2629886
3 http://ieeexplore.ieee.org/document/6508211
4 https://pdfs.semanticscholar.org/e6dc/153350972be025dc861fc86e495054e85d37.pdf
5 http://dl.acm.org/citation.cfm?id=2954770
6 https://msdn.microsoft.com/magazine/gg983491

第 8 章

元胞自动机
Alive! Create Artificial Life

第 7 章介绍了蜂群算法。蜜蜂会记住食物的位置，并且将信息分享给同伴。蜂群通过这种分享相互学习，最后，所有蜜蜂都飞出了口袋。

现在，想象一个大网格，每一个格子代表一个不可移动的元胞（细胞）。网格的一部分在纸口袋里面。每个元胞周围有八个相邻的格子，与之相邻的活元胞过多或过少都会导致它死亡；只有满足特定条件，元胞才能活下去（甚至复活）。这些活元胞会在网格中形成稳定的图案。这就是**康威生命游戏**(Conway's Game of Life)，它是一种元胞自动机（cellular automaton，CA）。随着学习的深入，我们会看到这些元胞究竟是怎样变化的。

元胞自动机是在 19 世纪 40 年代提出的，后因马丁·加德纳（Martin Gardner）1970 年在《科学美国人》杂志上的介绍被人熟知。它的最早版本是一种可以复制自己的抽象机器，用于探讨自我复制的太空飞船进行大规模小行星采矿的可能性。早期的人工智能理论听起来都像科幻小说。

元胞自动机是一种基于规则的演算算法，它与之前介绍的算法很不同。元胞自动机没有模型、适应度函数、随机启发式搜索等概念。它只有一系列决定元胞生死的规则。这些规则构成了元胞自动机。元胞自动机在规则的控制下会发生**涌现**（emergence）现象。很多元胞自动机是**图灵完备的**（Turing complete），可以进行编程计算，不过这不是本书要讨论的内容。

什么是图灵完备

阿兰·图灵是一位英国数学家，被誉为计算机科学的奠基人。他设计了一种抽象机器旨在解决判定性问题（Entscheidungsproblem），即能否设计一个过程判断一个数学定理是否能被证明（可参考《图灵的秘密》[Pet08] 一书）。图灵机通过读取一条无限长纸带上的指令运作。

与此同时，美国数学家阿隆佐·邱奇（λ演算的发明者）证明了判定性问题是无法解决的。这二人的想法被并称为邱奇-图灵论题，即"一个自然数上的函数是可以被计算的当且仅当它可以被图灵机计算"。任何系统，无论是可以利用无限内存的编程语言，还是诸如λ演算这种抽象系统，只要它能模拟图灵机，那么它就是图灵完备的。

很多现实生活中的问题可以用元胞自动机解决。第 2 章曾用决策树对数据分类。不同的分类器会对同一数据产生不同的结论。于是有人用元胞自动机建立投票系统，综合不同分类器的输出，产生集体决策[1]。另外，还有人用元胞自动机创造音乐。

---

[1] https://www.researchgate.net/publication/221460875_Machine-Learning_with_Cellular_Automata

本章将建立一种元胞自动机（第 9 章将介绍另外两种）。从生命游戏开始学习元胞自动机比较容易，我们会见到多种涌现图案，比如图 8.1 中的这种滑翔机（glider）图案，它常用来代表黑客文化。

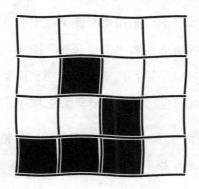

图 8.1　滑翔机图案

我们的生命游戏将在网格上进行，每一个格子代表一个不可移动的元胞。每个元胞只有生或死两种状态。元胞在过于孤立或周围过于拥挤的情况下都会死亡。条件合适时，元胞可以存活下去，甚至死而复生。

8.1　让元胞活起来
Your Mission: Make Cells Come Alive

元胞自动机有很多种，比如第 9 章要介绍的**初等元胞自动机**（elementary cellular automaton），它在一维的格子带上运行。美国计算机科学家克里斯托弗·兰顿发明了另一种二维元胞自动机，它是网格上的一只蚂蚁，蚂蚁可以沿上、下、左、右四个相邻的格子移动，沿途还会给格子填色。蚂蚁的行动遵循下面两条规则：

- 到达白色格子，顺时针转 90 度，将格子改为黑色，向前走一步；

● 到达黑色格子，逆时针转 90 度，将格子改为白色，向前走一步；

一开始，蚂蚁的轨迹是一些简单的图案，比如正方形或其他对称图案。一段时间之后，蚂蚁的轨迹开始变得混乱，完全看不出规律。最终，它会生成"高速公路"图案——一条由重复图案组成的直线，从先前混乱的轨迹中钻出来。虽然还没有人证明"高速公路"图案一定会出现，但是到目前为止所有的尝试都生成了这种图案。谁能想到两条简单的规则会生成这样奇特的图案呢？由此可见，探索涌现现象是非常引人入胜的。

你已经学习了蚁群算法，不妨自己动手试试兰顿的蚂蚁算法和其他元胞自动机算法。接下来，我们要实现康威生命游戏，与兰顿的蚂蚁相比，它会涌现更多图案。

康威生命游戏的规则如下（每个元胞的生死由与之相邻的活元胞数量决定）。

● 如果某活元胞的相邻活元胞数小于 2，该元胞会死亡；

● 如果某活元胞的相邻活元胞数等于 2 或 3，该元胞继续存活；

● 如果某活元胞的相邻活元胞数大于 3，该元胞会死亡。

● 如果某死元胞的相邻活元胞数恰等于 3 时，该元胞会复活。

表 8.1　康威生命游戏规则

元胞当前状态	相邻活元胞数	新状态
活着	<2	死亡
活着	=2 或=3	死亡
活着	>3	死亡
死亡	=3	活着

这个游戏不需要你与它互动，你只需要观察它运行。人造生命会自然

而然地涌现出各种图案。我们已经知道一些图案，但是还没有人能列举出所有可能的图案。我们先看几个简单的例子。每个元胞有八个邻居。死元胞需要三个活邻居才能复活，而活元胞需要两或三个活邻居才能活下去。如果整个网格上都没有活元胞，那么以后也不会有。如果只有一个或两个活元胞，它们将无法存活。所以，我们至少需要三个活元胞才能形成图案。这些图案可能保持不变，也可能循环出现，甚至还会移动。

如果在 2×2 的网格上有四个活元胞会怎么样？它们会保持不动。每个活元胞有三个活邻居，而周围死元胞的活邻居数都不超过两个。根据规则，这个图案会保持不变。这是最简单的稳定图案。

循环图案又是什么样的呢？我们来看排成一列的三个活元胞。数数每个活元胞周围的活邻居数量（见图 8.2 左）。

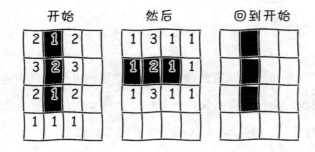

图 8.2　排成一排的三个活元胞

中间的活元胞总是有两个活邻居，所以它可以一直活下去。另外两个活元胞总是只有一个活邻居，所以每次迭代后它们都会死去。中间活元胞两侧的死元胞总是有三个活邻居，所以每次迭代后它们都会复活。这样一来，三个活元胞会由列变成行，再由行变成列，周而复始。这种振荡图案称为**闪烁器**（blinker）。如果闪烁器在两种状态中来回切换，就称它的**周期**（period）为 2。这个图案虽然循环出现，但它不会移动。还有一种叫**太空**

飞船（spaceship）的图案，不但会循环出现，而且会移动。前面提到的滑翔机就属于这种图案。

本章的生命游戏会在给定大小的网格上按前述规则进行。你也可以扩展或修改已有规则，比如更改元胞改变状态所需的活邻居数量。你还可以弯折网格，让它形成柱面或圆环面（面包圈）。要弯成柱面网格，只需要将网格相对的两个边接在一起。要弯成圆环面网格，只需要将柱面网格的两端接在一起（见图 8.3）。

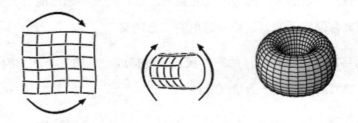

图 8.3　三种网格及其变换关系

你已经大致知道了元胞自动机的运行原理和可能出现的图案种类。在编写代码之前，我们还需要探讨一些细节，例如网格尺寸、怎样画元胞、元胞状态的更新方式等。本章代码仍然采用 C++编写。

8.2　创造人工生命
How to Create Artificial Life

生命游戏的算法结构如下：

```
grid = setup()
forever:
 new_grid = []
 for cell in grid:
  new_grid.push(rules.apply(cell))
   grid = new_grid
```

生命游戏会按照规则不断运行下去。在之前的算法里，我们为蚂蚁、蜜蜂等智能体设定了状态更新的时机。生命游戏也需要设定元胞状态的更新时机，标准做法是采用**批更新**（batch update），即同时更新所有元胞的状态。具体的做法是在线下（offline）根据规则和当前元胞状态生成一个新的网格取代当前线上的网格。

元胞自动机也可以采用异步更新或在线更新的方式，甚至可以只更新某个元胞的相邻元胞。人们仍然在研究元胞自动机的更新方式。Blok 和 Bergersen 发表过一份比较更新方式的评估报告[2]。他们指出，虽然初始活元胞数和更新方式会影响结果，但某些特定的图案总会涌现出来。学术界提出了多种更新方式，除了上面三种，还有随机选取元胞更新等[3]。

8.2.1 算法细节
Decisions to Make

编写代码之前，我们还需要考虑下面几个问题：

- 用多大的网格？

- 是否让网格形成圆环面？

- 选择哪些格子放初始活元胞？

- 怎样储存元胞的状态？

前三个问题会影响涌现图案的数量。如果你拿不定主意，可以将它们设置为参数，方便调整。我们从 40×50 的网格开始，里面有一个 40×40 的纸口袋。多出来的 10 个格子代表口袋外面。而如果让网格形成圆环面，涌现的图案就可以跨边界相互影响。我们在寻找邻居的函数里设置网格大

---

[2] https://www.researchgate.net/publication/235499696_Synchronous_versus_asynchronous_updating_in_the_game_of_Life

[3] https://en.wikipedia.org/wiki/Asynchronous_cellular_automaton

小和网格形状，方便尝试不同的组合。

开始时，我们至少需要排成一列的三个活元胞，否则游戏无法进行。如果拿不定主意，你可以随机在口袋中选择一半元胞作为活元胞。

我们可以用 C++标准库中的 std::vector 存储元胞状态，向量的每一个元素对应一个元胞。每个元素都 bool 类型，代表元胞的两种状态。Herb Sutter 认为这不是使用 C++容器类的最佳方式[4]。Howard Hinnant 也认为这种 bool 类型的 vector 在 for 循环时会有效率问题[5]。不过，这种方法简单快捷。如果你赞同这两个人的说法，可以试试 Boost 库中的 dynamic_bitset。

不管采用哪种方式储存元胞状态，我们都需要将元胞的坐标(x,y)和向量的索引对应起来。将左下角的格子(0,0)对应到向量的第 0 个元素，然后从左往右，自下而上地进行累加，不难看出向量的索引 index 等于元胞的 y 坐标值乘以宽度 width 再加上 x 坐标值（见图 8.4）。

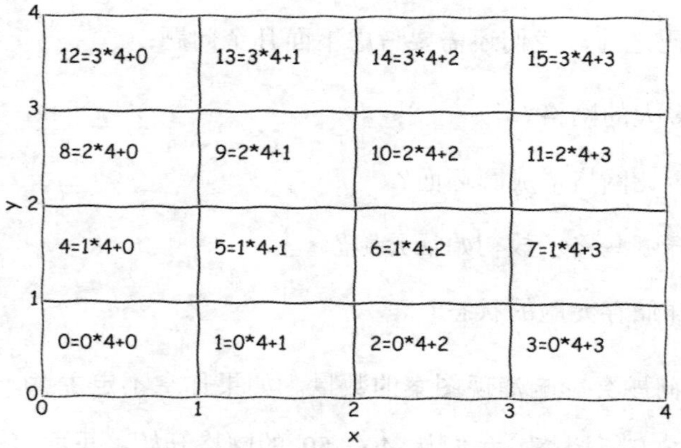

图 8.4 元胞坐标和向量索引值间的关系

用代码表示为：

4　http://www.gotw.ca/gotw/050.htm
5　http://www.boost.org/doc/libs/1_65_1/libs/dynamic_bitset/dynamic_bitset.html

```
size_t index = y * width + x;
```

将向量索引转换成坐标时，首先要找到元胞在第几行，也就是 y 坐标。做法是用索引 index 除以宽度 width，取整数部分。用索引 index 除以宽度 width，取余数就得到了 x 坐标。

```
size_t y = index / width;
size_t x = index % width;
```

这就是在 std::vector 中存储元胞状态的方法。我们继续使用 SFML 库画图。开始编码吧！

8.3 实现元胞自动机
Let's Make Cellular Automata

元胞所在的网格有固定的高度 Height 和宽度 Width。同时，我们需要知道哪些元胞是活着的（Alive 函数）。在下面代码中，World 类保存整个网格的状态，Update 函数更新元胞状态。

Alive/GameOfLife/GoL.h
```cpp
class World
{
public:
  World(size_t max_x, size_t max_y, bool wrap);
  World(size_t max_x, size_t max_y, bool wrap,
        size_t start_width, size_t start_height,
        size_t number);
  size_t Width() const { return max_x; }
  size_t Height() const { return max_y; }
  size_t Alive() const;
  bool Alive(size_t x, size_t y) const
  {
    return state[y*max_x + x];
  }
  void Spark(size_t x, size_t y)
  {
    if(Alive(x,y))
      throw std::invalid_argument("Cell already alive");
```

```
      state[y*max_x + x] = true;
  }
  void Update();
private:
  const size_t max_x;
  const size_t max_y;
  std::vector<bool> state;//evil
  const bool wrap;
  bool StayAlive(size_t x, size_t y) const;
};
```

我们还需要挑选格子放置初始活元胞，有两种方式：

- 接受活元胞的数量（number）作为参数，随机生成初始活元胞。

- 用 Spark 方法指定初始活元胞的位置。

代码中的两个构造器 World 都会接收网格尺寸和 wrap 值（代表是否弯成圆环面）作为参数。第二个 World 构造器会在指定的宽度 start_width 和高度 start_height 范围内随机生成指定数量的活元胞。我们可以用 C++ 的委托机制减少编写构造器的代码量。

Alive/GameOfLife/GoL.cpp
```
World::World(size_t max_x, size_t max_y, bool wrap) :
  World(max_x, max_y, wrap, max_x, max_y, 0)
{
}
```

在第二个构造器中，要确保生成活元胞的数量 number 不超过网格的大小（start_width*start_height）。如果超过了，就抛出异常。将向量中的元素设为 true 即代表元胞的活的。设置好所有元胞后打散向量中的元素，以保证随机性。

Alive/GameOfLife/GoL.cpp
```
World::World(size_t max_x, size_t max_y,
             bool wrap,
             size_t start_width, size_t start_height,
             size_t number) :
  max_x(max_x),
```

```
    max_y(max_y),
    state(max_x*max_y, false),
    wrap(wrap)
{
  if (number > start_width*start_height)
    throw std::invalid_argument("Start rectangle too small");
  if (number)
  {
    std::fill_n(state.begin(), number, true);
    std::random_device rd;
    std::mt19937 gen(rd());
    std::shuffle(state.begin(),
                 state.begin() + start_width*start_height,
                 gen);
  }
}
```

　　运行代码时，我们可以用第二个构造器生成一个随机 World。待它涌现出有趣的图案后，将这些图案的坐标记下来。这时，使用第一个构造器和 Spark 方法可以轻松回溯到之前的状态，让元胞自动机从这个状态继续运行。

　　为了观察元胞自动机的运行，我们让它以动画的方式呈现。每一次更新前，我们要知道所有活元胞的位置。因为元胞下一时刻的状态和当前活邻居的数量有关，我们还需要计算每个元胞的活邻居数。不弯折网格时，除了边界上的元胞，其余元胞都有八个邻居；而将网格弯折成圆环面时，所有元胞都有八个邻居。下面是在两种情况下对邻居元胞进行操作的方法：

`Alive/GameOfLife/GoL.cpp`

```
void walkNeighbors(size_t x, size_t y, size_t max_x, size_t max_y,
        std::function<void(size_t, size_t)> action)
{
  if(y>0)
  {
    if(x>0) action(x-1,y-1);
    action(x,y-1);
    if(x<max_x-1) action(x+1,y-1);
  }
  if(x>0) action(x-1,y);
  if(x<max_x-1) action(x+1,y);
```

```cpp
  if(y<max_y-1)
  {
    if(x>0) action(x-1,y+1);
    action(x,y+1);
    if(x<max_x-1) action(x+1,y+1);
  }
}
void walkNeighborsWithWrapping(size_t x, size_t y,
        size_t max_x, size_t max_y,
        std::function<void(size_t, size_t)> action)
{
  size_t row = y>0? y-1 : max_y -1;
  action(x>0? x-1 : max_x - 1, row);
  action( x, row);
  action(x<max_x-1? x + 1 : 0, row);
  row = y;
  action(x>0? x-1 : max_x - 1, row);
  action(x<max_x-1? x + 1 : 0, row);
  row = y<max_y-1? y+1 : 0;
  action(x>0? x-1 : max_x - 1, row);
  action( x, row);
  action(x<max_x-1? x + 1 : 0, row);
}
```

在以上两个函数中，对邻居元胞进行操作的函数都是 action。我们将具体操作写在 action 函数里，例如统计某个元胞活邻居的数量。我们可以像下面这样用 C++的 lambda 表达式统计活邻居的数量：

```cpp
size_t countAlive = 0;
walkNeighbors(x, y, max_x, max_y,
  [&](size_t xi, size_t yi)
  {
    countAlive += Alive(xi, yi);
  });
```

接下来实现 World 类的更新方法 Update。我们将生命游戏的规则编入 StayAlive，元胞根据此函数的返回值更新状态。

Alive/GameOfLife/GoL.cpp
```cpp
void World::Update()
{
  std::vector<bool> new_state(max_x*max_y, false);
```

```cpp
  for (size_t y = 0; y<max_y; ++y)
  {
    for (size_t x = 0; x<max_x; ++x)
    {
      new_state[y*max_x + x] = StayAlive(x, y);
    }
  }
  state.swap(new_state);
}
bool World::StayAlive(size_t x, size_t y) const
{
  size_t countAlive = 0;
  if (wrap)
    walkNeighborsWithWrapping(x, y, max_x, max_y,
      [&](size_t xi, size_t yi)
      {
        countAlive += Alive(xi, yi);
      });
  else
    walkNeighbors(x, y, max_x, max_y,
      [&](size_t xi, size_t yi)
      {
        countAlive += Alive(xi, yi);
      });
  if (Alive(x, y))
  {
    return countAlive == 2 || countAlive == 3;
  }
  else
    return countAlive == 3;
}
```

上面的代码实现了生命游戏的标准离线更新，即将元胞的新状态保存在 new_state 里面。在用 StayAlive 函数计算一个元胞的活邻居时，依据的是保存在 state 中的当前状态。所有元胞状态更新完毕后，用新状态 new_state 替换当前状态 state，完成整个网格的更新。如果采用在线更新的方式，元胞的状态变化会直接体现在当前状态 state 里。

还有一件重要的事要做——在网格中的口袋上方留出空间 edge，用来判断有活着的元胞出现在口袋外面。运行之前，选取一个较大的初始活元胞数，确保元胞不会在第一次更新后就全部死去。下面是主函数：

```
int main(int argc, char** argv)
{
  const bool wrap = true;
  const size_t bag_width = 50;
  const size_t bag_height = 40;
  const size_t edge = 10;
  const size_t world_x = bag_width;
  const size_t world_y = bag_height + edge;
  const size_t number = 800;
  World world(world_x, world_y, wrap, bag_width, bag_height, number);
  while(true)
    world.Update();
}
```

不过，这样运行无法看到网格的实时状态，所以我们还是将网格更新写在 SFML 的主循环里。元胞的样式可以随意选，比如用青色的圆表示：

```
sf::CircleShape shape(5);
shape.setFillColor(sf::Color::Cyan);
```

你对 SMFL 的使用应该已经是轻车熟路了，下面是具体代码：

```
Alive/Alive/main.cpp
void draw(World & world, size_t edge)
{
  const float cell_size = 10.0f;
  const float width = world.Width() * cell_size;
  const float margin = edge * cell_size;
  const float line_width = 10.0f;
  const float height = world.Height() * cell_size;
  const float bag_height = (world.Height() - edge) * cell_size;
  const auto bag_color = sf::Color(180, 120, 60);
  sf::RenderWindow window(
    sf::VideoMode(
      static_cast<int>(width + 2 * margin),
      static_cast<int>(height + margin)),
    "Game of Life");
  bool paused = false;
  while (window.isOpen())
  {
```

```cpp
        sf::Event event;
        while (window.pollEvent(event))
        {
          if (event.type == sf::Event::Closed)
            window.close();
          if (event.type == sf::Event::KeyPressed)
            paused = !paused;
        }
        window.clear();
        drawBag(window,
            line_width,
            margin,
            bag_height,
            width,
            cell_size,
            bag_color);
        draw_world(world, cell_size, height, edge, window);
        window.display();
        std::this_thread::sleep_for(std::chrono::milliseconds(100));
        if(!paused)
        {
          world.Update();
        }
      }
    }
```

函数 draw_world 用来显示活元胞：

Alive/Alive/main.cpp
```cpp
void draw_world(const World & world,
                float cell_size,
                float height,
                size_t edge,
                sf::RenderWindow & window)
{
  for (size_t y = 0; y<world.Height(); ++y)
  {
    for (size_t x = 0; x<world.Width(); ++x)
    {
      if (world.Alive(x, y))
      {
        sf::CircleShape shape(5);
        shape.setFillColor(sf::Color::Cyan);
        shape.setPosition((x + edge) * cell_size, height - y * cell_size);
```

```
        window.draw(shape);
      }
    }
  }
}
```

和之前一样，我们使用了数轴坐标。为了和窗口显示坐标对应上，要用高度 height 减去元胞的 y 坐标值。以上就是生命游戏的全部代码。

8.4 算法有效吗
Did It Work?

我们知道网格尺寸和初始活元胞数会影响生命游戏的运行。活元胞分布过于稀疏或过于稠密都会导致它们死去。在 40×50 的网格上使用 800 个初始活元胞是一个比较合理的选择。

如果我们在开始时随机放置活元胞，那么每次的运行结果都会不一样。在某一局生命游戏中，出现了 6 个闪烁器和一些稳定图案（见图 8.5）。这一局生命游戏的稳定状态在图 8.5 左右两边来回切换。

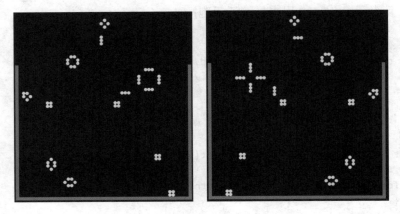

图 8.5　一局生命游戏的两个状态

人们已经发现了很多种振荡器和太空飞船的图案。康威生命游戏的维

基页面上收集了很多种图案和资料[6]。比如其中提到，还没有人发现周期为
8 的太空飞船。还有一种叫做履带（caterpillar）的图案由一千一百万个活元
胞构成。我们的小网格显然放不下它。

小的平面网格较容易达到稳定状态，圆环面网格则需要更长的时间。
无论采用哪种方式，我们的设定都很有可能在口袋外面生成活元胞。除了
让代码自动初始化元胞状态，我们还可以生成一个空网格，然后在里面放
一些图案，例如滑翔机。在平面网格里，如果滑翔机向下移动，它会困在
口袋里。而在圆环面网格里，它会无限地运动下去。滑翔机的滑翔方向取
决于构成它的活元胞的位置，设置正确的话，最终我们会看到滑翔机的图
案出现在口袋外面，如图 8.6 所示。

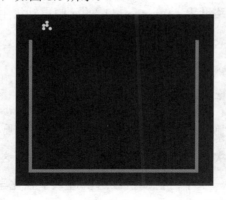

图 8.6 滑翔机出现在口袋外面

8.5 拓展学习
Over to You

在尺寸有限的网格中，无论是平面还是圆环面，都不会涌现太多种图
案。要想看到更多图案，最好让生命游戏在无限大的网格上运行。为此，

---

6 http://www.conwaylife.com/wiki/Main_Page

需要对保存元胞状态的数据结构进行调整，你可以自己动手试一试，或者在网页生命游戏里寻找更多的图案[7]。

本章介绍了兰顿的蚂蚁和康威生命游戏两种元胞自动机，你可以试着编写其他种类的元胞自动机。你甚至可以自己创造规则，为元胞增加更多的状态（用不同的颜色表示），例如：

- 让元胞的颜色变成周围的主要颜色。
- 让元胞的颜色变成周围的平均颜色。
- 让元胞在几种颜色间循环切换，除非即将切换的颜色和邻居的颜色一致。

在一种叫做**电路世界**（Wireworld）[8]的元胞自动机中，每个元胞有四种状态（用四种颜色表示）。电路世界是图灵完备的，它可以模拟电路中的逻辑门。有逻辑门就意味着可以构造计算机。理论上，我们甚至可以在电路世界里实现遗传算法。

我们可以将元胞自动机的规则视为决策过程。元胞有各种状态，加上改变状态的规则，实际上形成了有限状态机。如果为这个状态机增加反馈和强化，就得到了一个学习自动机。这就进入了**强化学习**（reinforcement learning）[9]的领域。强化学习是目前机器学习的热点领域。世界上第一个击败职业围棋选手的程序 AlphaGo 就用到了强化学习。

第 9 章将利用遗传算法为两种元胞自动机选取最优初始化设置，在巩固遗传算法知识的同时，也让我们的机器学习之旅更进了一步。

7 http://catagolue.appspot.com
8 https://en.wikipedia.org/wiki/Wireworld
9 https://en.wikipedia.org/wiki/Learning_automata

第 9 章

遗传算法与元胞自动机
Dream! Explore CA with GA

第 8 章创建了一个元胞自动机，并让一些活元胞出现在了口袋外面。元胞自动机涌现出的图案有的稳定，有的在多个状态间循环，还有的还会滑翔。如果随机放置初始活元胞，就不能保证一定出现某种图案。如果想看到特定图案，比如滑翔机，我们可以手动放置活元胞。那如果想让口袋外面的所有元胞都是活的，该怎么做呢？

让我们想象一种在一维网格上运行的最简单的元胞自动机：它下一时刻所有元胞的状态和当前时刻完全相同。把这样的元胞自动机在口袋里面一行一行地摞起来，那么最终会有一行出现在口袋外面。根据规则，只要让这一行所有的元胞都是活的，那就达到了让口袋外面所有元胞都是活的的目的。问题来了，我们能不能教计算机学会做这件事呢？如果计算机学会了处理这种简单情况，它能不能学会处理更复杂的元胞自动机呢？

这就是本章要讲解的内容。第一阶段，我们从简单规则的元胞自动机着手，构建遗传算法，用它选出最优的初始设置，然后在初等元胞自动机（elementary cellular automaton，ECA）上应用这个算法。第二阶段，我们创建一个随机元胞自动机，在运行时决定每一行元胞的变化规则。遗传算法在这种情况下会遇到一些困难，我们要学习解决这些困难。机器学习无法解决一切问题，使用机器学习算法必须清楚自己要解决的问题是什么。

第 3 章介绍的遗传算法只需要将角度和速度拆开进行交叉配对，而对一行远多于两个的元胞来说，这种方法显然不适用了，我们需要新的交叉配对方法。另外，这一次我们还会用到锦标赛法。本章将进一步巩固遗传算法知识，同时你也会看到解决一种问题的方法怎样用到完全不同的问题上。这种多用途、普适性的机器学习算法称为元启发式（meta-heuristic）算法。只要选择合适的适应度函数，元启发式算法可以用来解决各种问题。

9.1 找到最好的配置
Your Mission: Find the Best

我们从最简单的元胞自动机开始——每一行元胞始终保持原始状态。我们在纸口袋中将同一行元胞反复堆叠起来，直到超出袋口（见图 9.1）。

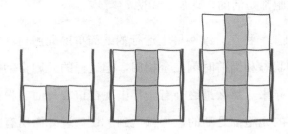

图 9.1　堆叠状态不变的元胞

遗传算法要怎样才能学会在开始时激活一整行元胞呢？这是 OneMax 问题的一个变种[1]。解决它并不需要遗传算法这样的进化算法（evolutionary algorithm，EA），不过解决问题的过程反映了进化算法的特征。

解决此问题的适应度函数很简单，用公式表示就是寻找向量的排列：

$$\overline{x} = (x_1, x_2, ..., x_n), x_i \in \{0, 1\}$$

使得下式最大化。

$$\sum_{i=1}^{n} x_i$$

将如此简单的问题用公式表示有点"杀鸡用牛刀"了，不过机器学习问题总是用公式语言描述的，我们要习惯这种表示法。此外，用遗传算法解决这么简单的问题也是大材小用。在简单问题上使用复杂工具是为了更好地理解复杂工具的运行原理。

我们要将最简单的元胞自动机写成一个函数：它的输入是一行元胞，输出是和输入完全相同的一行元胞。然后，在此基础上解决 OneMax 问题的遗传算法可以用到其他问题上。

遗传算法需要一个初始种群。这里我们需要创建一行随机排列的 0 和 1，代表两种元胞状态。让我们对第 3 章的遗传算法做一点修改：

```
items = 25
epochs = 20
generation = random_tries(items)
for i in range (1, epochs):
  generation = crossover(generation)
  mutate(generation)
display(generation)
```

---

[1] http://tracer.lcc.uma.es/problems/onemax/onemax.html

在第 3 章的问题里，种群有 12 个解，迭代 10 轮。这次，为了让算法有足够多的尝试次数，我们需要更大的种群；较大的种群需要更长的学习时间，所以迭代轮数也要增加。稍后，我们会看到交叉函数、突变函数、适应度函数是怎样实现的。我们的目标是让遗传算法生成每一行全是 1 的元胞自动机，适应度函数通过计算每行中数字 1 的数量生成适应度值。由 OneMax 问题的描述可知，数字 1 的数量越多越好。

我们还要定义每一行的长度。在第 9 章里，元胞自动机的尺寸是可变的。而这一次，因为要在三种不同的元胞自动机上应用算法，为了减少变量，我们将每一行的元胞固定为 32 个。如果你选择 32 以外的数量，别忘了种群数量和迭代轮数也要做相应调整。

再重申一下第一阶段要做的事：首先，我们要在最简单的元胞自动机中用遗传算法选出最佳的初始行元胞排列。在这个元胞自动机中，每个元胞的状态不会发生变化。然后，我们继续在初等元胞自动机（ECA）中应用遗传算法，不同的地方是，ECA 中的元胞状态会改变。

表 9.1　ECA 三个相邻元胞的 8 种状态组合

左侧元胞	目标元胞	右侧元胞
活着	活着	活着
活着	活着	死亡
活着	死亡	活着
活着	死亡	死亡
死亡	活着	活着
死亡	活着	死亡
死亡	死亡	活着
死亡	死亡	死亡

ECA 有 256 种变化规则，每一种规则说明了一个元胞如何根据当前自

身状态和相邻两个元胞的状态来更新自己的状态。每一行两端的元胞只有
一个相邻元胞，这里假设另一个不存在的邻接元胞为死亡状态。每个元胞
和它的两个相邻元胞一共有 8 种状态组合（见表 9.1）。

将这 8 种状态分别对应为 0 或 1，可以得到一个 8 位的二进制数。这
个 8 位的二进制数可以表示从 0 到 255 的十进制数。这 8 位数中的每一位，
说明了在接受相应三个元胞状态组合后的输出是什么。请看下面例子：

十进制数 30，用 8 位二进制数表示为 00011110。

$$0\times128 + 0\times64 + 0\times32 + 1\times16 + 1\times8 + 1\times4 + 1\times2 + 0\times1$$

最左边的一位是 0，对应表中的第一行状态组合。也就是说，当一个
元胞当前为活着的状态，并且左右两边的元胞也为活着的状态，那么下一
刻它的状态为 0，即死亡。第二位数也是 0，代表若元胞满足表格第二行的
状态，那么它的下一刻状态为 0，依次类推。这就是 30 号规则的内容。用
数字表示就是：

$111\to0, 110\to0, 101\to0, 100\to1, 011\to1, 010\to1, 001\to1, 000\to0$

也可以用图 9.2 表示：

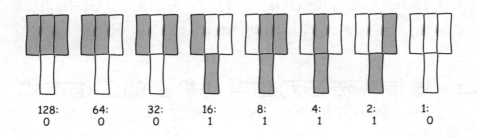

图 9.2　ECA 的 30 号规则

一般而言，ECA 会在每行的下面产生新的一行。而我们为了让元胞最

终出现在口袋外面，采用了堆叠的方式。这两种方式并无本质区别。遗传算法会尝试让口袋外的最后一行在任意一条规则下有尽可能多的活元胞。我们可以将遗传算法的目标设为可变的，这样可以让算法做相反的事——让口袋外的最后一行的活元胞数尽可能的少。在 256 条规则里，有些规则更容易实现目标。

在第二阶段，我们会在另一种元胞自动机上应用元启发式算法。ECA 通过每一个元胞的当前状态决定它下一时刻的状态。而这个新的元胞自动机根据整行的状态生成一行新的元胞。这种情况下可能的组合比 256 多得多！我们无法在代码中枚举这么多组合，处理这种情况需要一个动态查询表。如果某行元胞的状态在查询表中，就根据表中对应的输出生成下一行；如果查询表中没有输入的这一行状态，就为这一行随机生成一个输出，并将这对输入和输出保存在表中。我们同样要把一行一行元胞堆叠起来，看看遗传算法在这个元胞自动机下表现如何。

第二阶段的任务对遗传算法很有挑战性，因为不能保证随机产生行的所有元胞都是活的。试图解决一直在变化的问题十分困难，虽然存在可以处理动态环境的机器学习算法，但这并不是遗传算法擅长的。要记住，机器学习算法并不能解决所有问题。尽管如此，用算法来尝试解决问题还是有价值的，它可以帮助你加深对问题的理解。

9.2 遗传算法在元胞自动机上的工作方式
How to Explore a CA

接下来，分析遗传算法在元胞自动机上的工作方式。首先需要多行元胞作为种群，每一行由随机排列的 0 和 1 组成。元胞自动机在种群中的每一行上分别运行，然后检查口袋外面的一行有多少活元胞。无论在哪种元胞自动机上运行遗传算法，都要对种群中的行元胞进行迭代配对，并让其中一些发生变异。多次迭代后，遗传算法应该可以找到比随机生成结果更好的初始排列。

在配对时，新生的排列分别来自两个亲代。我们希望算法不断配对产生更好的排列。这一次，我们采用锦标赛法，随机选择三个新生的子代，让它们竞争，从中选出最好的一个。你也可以让更多的子代参加竞争。在竞争中获胜的排列能让口袋外面出现更多的活元胞。每一次竞争产生一个亲代，两次竞争后就可以生成新的子代了。

第 3 章问题的解只有两个元素（角度和速度），我们从两个亲代中分别选一个角度和一个速度组成子代。在本章的问题中，每一行解中包含更多的元素，虽然每个位置只有两种状态，但是每一行有很多种拆分方式。最简单的做法是从中间分开（奇数个元素的行从靠近中间的位置分开），然后将一个亲代的左半边和另一个亲代的右半边组合起来（见图 9.3）。

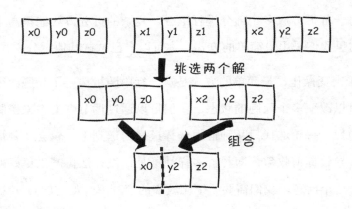

图 9.3　亲代交叉配对生成子代

这种交叉配对方式有可能产生更差的子代（见图 9.4）。

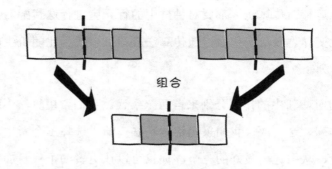

图 9.4 可能产生更差的子代

图中每个亲代各有三个活元胞，但是子代只有两个活元胞。我们希望算法可以生成更好的子代，为了避免出现这种情况，需要让两个亲代和子代竞争，从中选出最好的，参加下一轮迭代。第 3 章介绍过这种精英选择法，但是没有运用，现在可以试一试了。

交叉配对时，除了选择固定拆分点，还可以每次随机选择拆分点，甚至可以将一行拆分成多个部分进行组合。复杂的拆分方式能提高子代的多样性。这里我们采用最简单的方式。你可以自己试试其他拆分方式。

至于突变操作，最简单的方式是从一行中随机选一个元胞改变状态。当然也可以改变多个元胞的状态。我们可以通过调节突变率来控制发生突变的元胞数。每轮迭代只从种群中选择最好的送到下一轮会让种群越变越小。这会导致提前收敛，即种群多样性不足，没办法再产生更好的解了。为了解决这个问题，我们需要一个比较高的突变率（如 50%），提高种群的多样性。你可以将突变率设成 0 或 100%，看看会发生什么。

9.3 找到最优初始排列
Let's Find the Best Starting Row

我们的元胞自动机每一行（Row）有 32 个元胞：

```
typedef std::array<bool, 32> Row;
```

代码中的数组长度是固定的。如果希望改变长度，可以像上一章一样采用向量。

每个元胞自动机都有自己的规则。如果把规则抽象为一个 Rule 类，那么遗传算法就可以用于不同的元胞自动机了。为此，我们在 Rule 类中建立一个虚函数 operator()。

```
Dream/GACA/rule.h
class Rule
{
public:
  virtual Row operator()(const Row & cells) const = 0;
};
```

在实现具体规则时，只要重载函数调用（operator()）就可以了。例如我们要实现的第一个元胞自动机用到的规则 StaticRule：

```
Dream/GACA/rule.h
class StaticRule : public Rule
{
public:
  virtual Row operator()(const Row & cells) const
  {
    return cells;
  }
};
```

在这个规则下，每一行元胞保持不变。在建立规则实例时，使用共享指针 shared_ptr，这样可以在运行时选择不同类型的规则：

```
std::shared_ptr<Rule> rule = std::make_shared<StaticRule>();
```

建立元胞自动机的配置部分与第 8 章相同,同样需要一个 World 类来储存基本信息:

```
Dream/GACA/GACA.h
class World
{
public:
  World(const Rule & rule, Row row, size_t height);
  void Reset(Row row);
  bool Alive(size_t x, size_t y) const;
  size_t Height() const { return height; }
  size_t Width() const { return row.size(); }
  Row State() const { return row; }
  Row StartState() const { return history[0]; }
private:
  const Rule & rule;
  Row row;
  size_t height;
  std::vector<Row> history;
  void Run();
};
```

每一个 World 类实例表示种群中的一个个体,在运行时会生成多个 World 类实例。因为我们想知道口袋外面一行的活元胞数量,所以我们要一直在新生成的行上运行规则 rule,直到行数大于口袋高度。生成的行都会被保存在 history 中,所以 history 的大小就是当前的行数:

```
Dream/GACA/GACA.cpp
void World::Run()
{
  while (history.size() < height)
  {
    history.push_back(row);
    row = rule(row);
  }
}
```

我们要让这些 World 类实例在锦标赛法中竞争。如果我们在构造实例时运行 Run 函数,这些实例最上面的一行会被送去进行竞争。

```
Dream/GACA/GACA.cpp
World::World(const Rule & rule, Row row, size_t height) :
  rule(rule),
  row(row),
  height(height)
{
  Run();
}
```

遗传算法运行时会不断产生新的 World 类实例，并通过在 reset 方法中改变初始行让它们突变。

```
Dream/GACA/GACA.cpp
void World::Reset(Row new_starting_row)
{
  row = new_starting_row;
  history.clear();
  Run();
}
```

遗传算法需要多个 World 类实例作为种群，我们可以用 vector 来保存种群：

```
typedef std::vector<World> Population;
```

因为遗传算法需要一个随机的初始种群，我们可以像下面这样，在每个 World 类实例中随机生成一个初始行：

```
Dream/GACA/cells.h
class RowGenerator
{
public:
  RowGenerator(std::random_device::result_type seed) :
    gen(seed),
    uniform_dist(0, 1)
  {
  }
  Row generate();
private:
  std::default_random_engine gen;
  std::uniform_int_distribution<size_t> uniform_dist;
```

```
};
```

其中 uniform_dist 用来在元胞数组的每一个位置随机生成 0 和 1，表示元胞的两种状态。

```
Dream/GACA/cells.cpp
Row GACA::RowGenerator::generate()
{
  Row cells;
  for (size_t i = 0; i < cells.size(); ++i)
  {
    cells[i] = (uniform_dist(gen) == 1);
  }
  return cells;
}
```

整个种群的运行需要三个参数：规则 rule，种群大小 size 和迭代次数 updates（译注：这里的 updates 最终会传递给 World 类中的 height，代表口袋的高度）。

```
Dream/Dream/main.cpp
Population start(const GACA::Rule & rule,
  size_t size,
  size_t updates)
{
  std::random_device rd;
  Population population;
  RowGenerator cell_generator(rd());
  for (size_t i = 0; i<size; ++i)
    population.emplace_back(rule, cell_generator.generate(), updates);
  return population;
}
```

现在，遗传算法已经可以开始迭代优化种群了。接下来我们还要实现配对，即从两个亲代获取信息生成子代：

```
Dream/GACA/GACA.cpp
Row GACA::breed(Row mum, Row dad, size_t split)
{
  Row new_row;
  auto it = std::copy(mum.begin(), mum.begin() + split, new_row.begin());
```

```
        std::copy(dad.begin() + split, dad.end(), it);
        return new_row;
}
```

分割点 split 可以是一行中的任意一点，比如中点。我们将它设为变量，以便尝试不同分割位置。接下来，实现交叉过程。

9.3.1 交叉
Crossover

交叉类 Crossover 需要一个构造器和函数调用运算符重载（operator()）来生成子代种群。锦标赛法的 tournament 函数用来选择亲代。

```
Dream/GACA/GACA.h
class Crossover
{
public:
    Crossover(std::random_device::result_type seed,
        size_t population_size,
        const Rule & rule,
        size_t updates,
        bool middle,
        bool target);
    Population operator()(const Population & population);
        const World & Crossover::tournament(const World & world1,
                                            const World & world2,
                                            const World & world3) const;

private:
    std::default_random_engine gen;
    std::uniform_int_distribution<size_t> uniform_dist;
    std::uniform_int_distribution<size_t> split_dist;
    const Rule & rule;
    const size_t updates;
    const bool middle;
    const bool target;
};
```

我们一起看一下细节。首先创建构造器：

```
Dream/GACA/GACA.cpp
Crossover::Crossover(std::random_device::result_type seed,
    size_t population_size,
    const Rule & rule,
    size_t updates,
    bool middle,
    bool target) :
  gen(seed),
  uniform_dist(0, population_size - 1),
  split_dist(0, std::tuple_size<Row>::value - 1),
  rule(rule),
  updates(updates),
  middle(middle),
  target(target)
{
}
```

在代码中，可以看到有两个均匀分布的整数随机生成器。其中uniform_dist 用于选择亲代，它生成种群向量的索引，所以它的取值范围是从 0 到 population_size-1。被选中的三个个体在 tournament 函数中竞争，产生一个亲代。这一过程重复两次，产生两个亲代。然后这两个亲代进行配对。配对函数 breed 有一个参数为分割点，它根据构造器中的 middle 变量决定采用中点还是其他位置进行分割。选择其他位置时，split_dist 会随机生成一个介于 0 和每行元胞数量减一之间的值，作为分割点的索引。或者，你也可以指定分割位置 target。

下面是 Crossover 类作为函数调用时的代码：

```
Dream/GACA/GACA.cpp
Population Crossover::operator()(const Population & population)
{
  const size_t size = population.size();
  if (size-1 != uniform_dist.max())
  {
    std::stringstream ss;
    ss << "Expecting population size " << uniform_dist.max()
      << " got " << size;
    throw std::invalid_argument(ss.str());
  }
```

```
Population new_population;
auto best_world = best(population, target);
new_population.push_back(best_world);

while(new_population.size() < size)
{
  const World & mum = tournament(population[uniform_dist(gen)],
                                 population[uniform_dist(gen)],
                                 population[uniform_dist(gen)]);
  const World & dad = tournament(population[uniform_dist(gen)],
                                 population[uniform_dist(gen)],
                                 population[uniform_dist(gen)]);

  Row new_row = breed(mum.StartState(), dad.StartState(),
      middle ?  std::tuple_size<Row>::value / 2 : split_dist(gen));
  World child(rule, new_row, updates);
  World winning_world(rule,
          tournament(child, mum, dad).StartState(),
          updates);
  new_population.push_back(winning_world);
}
return new_population;
}
```

第 12 行代码将最优结果保存在 best_world 中，方便之后查找。下面是
计算最优结果的方法：

Dream/GACA/GACA.cpp

```
const World& GACA::best(const Population & population, bool target)
{
  return *std::max_element(population.cbegin(), population.cend(),
  [&](const World & lhs, const World & rhs)
  {
    return fitness(lhs.State(), target) < fitness(rhs.State(), target);
  });
}
```

将适应度值从小到大排列，用 C++标准库的 max_element 方法就可以找
到最大适应度对应的种群中的个体。

Crossover 函数调用代码中，在新的种群中包含了当前种群的最优个体

后，显然还需要更多的个体。这时我们需要配对生成新的个体，直到新的种群个体数量达到要求（即 size 的值，见第 15 行代码）。下面是配对过程中选择亲代用到的锦标赛法 tournament 函数，通过比较每个个体 World 运行到最后的行适应度，从三个个体中选出一个亲代。

Dream/GACA/GACA.cpp
```cpp
const World & Crossover::tournament(const World & world1,
    const World & world2,
        const World & world3) const
{
  size_t alive1 = fitness(world1.State(), target);
  size_t alive2 = fitness(world2.State(), target);
  size_t alive3 = fitness(world3.State(), target);
  if(alive1 < alive2)
  {
    if(alive1 < alive3)
      return alive2 < alive3 ? world3 : world2;
    return world2;
  }
  if(alive2 < alive3)
    return alive1 < alive3 ? world3 : world1;
  return world1;
}
```

锦标赛法通常选择三个个体竞争，但我们不必拘泥于此。我们的目标是找到包含最多符合目标状态（target）的元胞的个体，可以用标准库中的 count 函数做到这一点：

Dream/GACA/GACA.cpp
```cpp
size_t GACA::fitness(const Row & row, Row::value_type target)
{
  return std::count(row.begin(), row.end(), target);
}
```

我们之前谈到子代可能比亲代更差的情况。处理这种情况的方式是在两个亲代和它们生成的子代上应用锦标赛法（参见 Crossover 函数调用的倒数第 6 行代码）。

　　这样配对过程就完成了，通过不断选出最优的子代，遗传算法已经可以实现一定程度的优化了。接下来我们看看突变过程。

9.3.2　突变
Mutation

　　首先建立突变类 Mutation：

```
Dream/GACA/GACA.h
class Mutation
{
public:
    Mutation(std::random_device::result_type seed, double rate);
    Row operator()(Row cell);
private:
    std::default_random_engine gen;
    std::uniform_int_distribution<size_t> uniform_dist;
    const double rate;
};
```

　　我们可以用同一个均匀分布的整数随机生成器决定是否要对某一行进行突变，以及具体对哪一个元胞进行突变。随机生成器 uniform_dist 的取值范围是从 0 到行的长度减一。当突变率 rate 为 50%时，如果生成的随机数小于行长度的一半，就意味着要突变；当突变率为 25%时，如果生成的随机数小于行长度的四分之一，就意味着要突变。代码获得要突变的信号后，用同一个随机数生成器生成要突变元胞的索引，然后翻转元胞所在位置的值。

```
Dream/GACA/GACA.cpp
Row Mutation::operator()(Row row)
{
  auto maybe = uniform_dist(gen);
  if (maybe < rate*row.size())
  {
    auto index = uniform_dist(gen);
    row[index] = !row[index];
```

```
    }
    return row;
}
```

9.3.3 运行遗传算法
The GA Itself

我们首先在最简单规则的元胞自动机上运行遗传算法，下面是遗传算法的函数：

```
Dream/Dream/main.cpp
GACA::World ga_ca(const GACA::Rule & rule,
  size_t size,
  double rate,
  size_t epochs,
  size_t updates,
  bool middle,
  bool target)
{
  Population population = start(rule, size, updates);
  std::random_device rd;
  Mutation mutation(rd(), rate);
  Crossover crossover(rd(), size, rule, updates, middle, target);
  for(size_t epoch = 0; epoch < epochs; ++epoch)
  {
    population = crossover(population);
    for(auto & world : population)
      world.Reset(mutation(world.StartState()));
    const World & curr_best_world = best(population, target);
    auto alive = fitness(curr_best_world.State(), target);
    std::cout << epoch << " : " << alive << '\n';
  }
  const World & best_world = best(population, target);
  std::cout << "Final best fitness "
            << fitness(best_world.State(), target) << '\n';
  return best_world;
}
```

每轮迭代，我们会从交叉函数获得一个新种群。然后我们在这个新种群上应用突变。之后，可以将每次迭代最优结果的适应度打印出来，观察算法是否在不断优化结果。

找到最优初始排列 best_world 后，我们可以用 SFML 库将这个排列的堆叠过程画出来。像以前一样，我们在窗口中画出口袋，并用青色的圆形表示活元胞。

```cpp
Dream/Dream/main.cpp
void draw(World & world)
{
  const size_t edge = 15;
  const float cell_size = 10.0f;
  const float width = world.Width() * 2*cell_size;
  const float margin = edge * cell_size;
  const float line_width = 10.0f;
  const float height = (world.Height() + edge)* cell_size;
  const float bag_height = world.Height() * cell_size;
  const auto bagColor = sf::Color(180, 120, 60);
  const int window_x = static_cast<int>(width + 2* margin);
  const int window_y = static_cast<int>(height + margin);
  sf::RenderWindow window(sf::VideoMode(window_x, window_y), "Dream!");

  bool paused = false;
  size_t row = 1;
  while (window.isOpen())
  {
    sf::Event event;
    while (window.pollEvent(event))
    {
      if (event.type == sf::Event::Closed)
          window.close();
      if (event.type == sf::Event::KeyPressed)
          paused = !paused;
    }
    window.clear();
    drawBag(window,
      line_width,
      margin,
      bag_height,
      width,
      cell_size,
      bagColor);
    for(size_t y=0; y<row; ++y)
```

```
{
  for(size_t x=0; x<world.Width(); ++x)
  {
   if(world.Alive(x, y))
    {
      sf::CircleShape shape(5);
      shape.setFillColor(sf::Color::Cyan);
      shape.setPosition(x * 2*cell_size + margin, height - y *
cell_size);
      window.draw(shape);
    }
  }
}
window.display();
std::this_thread::sleep_for(std::chrono::milliseconds(100));
if(!paused && (row < (world.Height() + edge/2.0)))
  ++row;
}
}
```

  我们可以将元胞行的堆叠过程展示出来。**size_t** row = 1;设置口袋中的第一行元胞，在迭代完成后，将新的一行画出来。通过循环，就可以看到堆叠过程了。可视化过程中，在口袋上方和窗口上方留出一定的距离，让最后一行堆叠多次，方便看清最上面一行元胞的样子。

  要是将元胞一个挨着一个地画出来，看起来就太挤了。倒数第 12 行代码中，相邻的两个元胞之间留有空隙。

  这个可视化方法可以画出任意一个种群中的个体。看看遗传算法在 OneMax 问题上的表现，然后可以进入下一个环节了。

9.3.4 初等元胞自动机
Elementary Cellular Automata

  初等元胞自动机的规则是有编号的。从抽象规则类 Rule 派生出初等元胞自动机规则类 ECARule，我们要把规则编号 rule 保存下来。

```
Dream/GACA/rule.h
class ECARule : public Rule
{
public:
  explicit ECARule(size_t rule) : rule(rule)
  {
  }
  virtual Row operator()(const Row & cells) const
  {
    Row next;
    next.fill(false);
    for (size_t i = 0; i<std::tuple_size<Row>::value; ++i)
    {
      std::bitset<3> state = 0;
      if (i>0)
          state[2] = cells[i - 1];
      state[1] = cells[i];
      if (i<std::tuple_size<Row>::value - 1)
          state[0] = cells[i + 1];
      next[i] = rule[state.to_ulong()];
    }
    return next;
  }
private:
  const std::bitset<8> rule;
};
```

　　根据当前元胞排列输出下一个排列时，我们要根据当前行每一个元胞的状态生成它所对应的下一刻元胞状态。参考图 9.2，每个元胞对应的下一刻元胞状态，由当前元胞和它的两个相邻元胞状态决定。当下一行所有元胞状态都确定后，函数返回这行新的元胞。

　　下面是初等元胞自动机在一行元胞只有中间元胞是活着的情况下的可视化代码：

```
Dream/Dream/main.cpp
void eca_display(size_t number, double rate, size_t height)
{
  using namespace GACA;
  std::shared_ptr<Rule> rule = std::make_shared<ECARule>(number);
  Row cell;
```

```
  cell.fill(false);
  cell[cell.size()/2]=true;
  World world(*rule, cell, height);
  draw(world);
}
```

你可以从 0 到 255 间随机选一个规则，看看遗传算法的表现：

```
std::random_device rd;
std::default_random_engine gen(rd());
std::uniform_int_distribution<size_t> uniform_dist(0, 255);
size_t number = uniform_dist(gen);
auto rule = std::make_shared<ECARule>(number);
```

把这个规则添加到前面的 ga_ca 函数中，看看会发生什么。

9.3.5 随机规则
Dream Up a Rule

我们要介绍的第三种元胞自动机，会根据一个随机生成的查询表，由当前的元胞状态排列得到下一刻的元胞排列。如果表中没有当前的排列，就把当前排列添加到表中，并为它"幻想"出一个对应的排列。要做到这一点，我们需要一个随机行生成器。我们可以复用本章前面提到的行生成器 RowGenerator，此规则的代码如下：

```
Dream/GACA/rule.h
class DreamRule : public Rule
{
public:
  explicit DreamRule(std::random_device::result_type seed) :
      gen(seed)
  {
  }
  virtual Row operator()(const Row & cells) const;
private:
  mutable std::map<Row, Row> lookup;
  mutable RowGenerator gen;
};
```

每轮迭代要查询当前行是否在表中，如果没有就新生成一个条目：

```
Dream/GACA/rule.cpp
Row DreamRule::operator()(const Row & cells) const
{
  auto it = lookup.find(cells);
  if (it != lookup.end())
    return it->second;
  Row return_cell = gen.generate();
  lookup[cells] = return_cell;
  return return_cell;
}
```

生成这种规则的实例非常直截了当：

```
std::random_devicerd;
auto rule = std::make_shared<DreamRule>(rd());
```

然后，将这个规则添加到 ga_ca 函数中，看看它的运行情况。

三种使用不同规则的元胞自动机以及遗传算法到这里就全部实现了。

让我们回顾一下这三种元胞自动机：

- 最简单的元胞自动机，每轮迭代保持整行不变；

- 初等元胞自动机，根据 8 位二进制数确定的规则计算一行中每一个元胞在下一刻的状态；

- 动态元胞自动机，对没见过的排列随机生成下一刻的排列。

遗传算法根据我们设定的目标优化种群，但是并不能保证每次都成功。

下面我们对算法做具体分析。

9.4 算法有效吗
Did It Work?

对于最简单的元胞自动机，如果每个种群只有一个个体。在使用锦标赛法时，竞争者只有一个，所以不会发生优化。尽管变异会让种群发生一些改变，但是它可能无法将一行中的所有元胞状态都变为我们想要的。图9.5展示了这种情况下的一次典型运行结果。图中元胞自动机的初始种群一行有12个活元胞，迭代优化完后为17个。

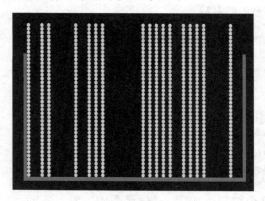

图 9.5　只有一个个体的种群最终产生了有 17 个活元胞的行

要让遗传算法更好地做出优化，种群需要更多的个体。实验表明，当个体数量为 25 时，算法可以更快更好地做出优化。此时，遗传算法可以在20 轮迭代后让一行中所有的元胞活过来（见图 9.6）。

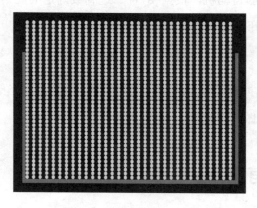

图 9.6　成功让一行元胞都变成活元胞

交叉配对时，分割点的选择会影响成功率。选择中点作为分割点时，遗传算法基本上能够完成优化，但是有时只能得到接近最优的结果。选用随机分割点可以提高算法的成功率。前面提到交叉配对时产生的子代可能比亲代差。采用突变和精英选择法可以部份弥补这个问题，而采用随机分割点的作用比这两种方法都大。

突变率的选择也会影响成功率。如果完全不突变，很有可能错过最优初始设置。尽管种群会在迭代中不断优化，但是要达到与加入突变同样的效果，也许需要更大的种群和更多轮迭代。如果将突变率设为 100%，有可能在迭代的某一步找到了最优解，但是突变让这个最优解变成了更差的解。比较合理的突变率是 50%。

9.4.1　初等元胞自动机
Elementary Cellular Automata

还记得前面提到的一行只有中间元胞为活元胞的实验吗？在 122 号规则下，口袋中堆叠的一行行元胞会产生图 9.7 这种三角图案。

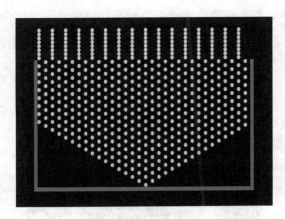

图 9.7　122 号规则产生的三角图案

十进制数 122 对应的 8 位二进制数为 01111010。在这个规则中，最后一位是 0。这意味着如果一个元胞和它两侧的元胞都是死元胞，那么这个元胞下一刻仍然是死元胞。对中间的活元胞来说，它两侧都是死元胞，用数字表示是 010。根据 122 号规则表：

111→0, 110→1, 101→1, 100→1, 011→1, 010→0, 001→1, 000→0

可知这种状态对应二进制数中的第 6 位数字，也就是 0。该元胞下一刻的状态为 0，也就是死亡。它左右相邻的两个元胞对应的三元胞组状态分别为 001 和 100，根据规则，这两个元胞下一刻的状态为 1。不断在新产生的行上应用这条规则，最终可以看到图 9.7 中的三角图案。

如果随机挑选规则并运用遗传算法，我们会发现有些规则会让所有元胞死去，还有一些会让元胞状态保持不变。在这些极端情况下，遗传算法根本无法找到能让口袋外面一行全部是活元胞的初始排列。这时，可以将算法的目标值设为 0，看看遗传算法能不能让口袋外面一行全变成死元胞。204 号规则就是一个例子。

在 204 号规则下，遗传算法可以轻易让口袋外面一行全变成死元胞。对于只有中间是活元胞的初始行，该规则会不断重复这一排列（见图 9.8）。

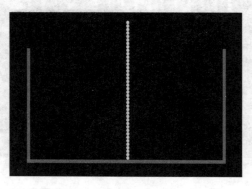

图 9.8　204 号规则会重复某些排列

9.4.2 随机规则
Dream Rules

在这种随机规则下，遗传算法会遇到很大的困难。图 9.9 展示了在这种规则下元胞自动机的一次运行结果。

图 9.9 随机规则下的一次运行结果

可以看到行的堆叠没有产生明显的可识别图案。口袋外面的元胞只有部分是活的。因为每次运行都会随机产生新规则，遗传算法实际上是在随机噪声中找规律。调试程序时，你会发现元胞自动机不断地产生新的变化规则。

用随机输入测试算法是很常见的做法。如果研究者声称他们对数据建造了模型，或者用精度更高的方法解决了某一问题，他们就需要用随机数据作为模型和算法的输入，以便证明研究没有出错。模型在随机数据上的表现能大致反映模型的性能。另一方面，如果发现算法完全不按设想工作，可以试试算法在随机输入上是不是也有同样问题。如果随机输入也发生了同样的问题，我们就能进一步定位算法可能出问题的部分。在网上搜索"随机数据建模"，你可以找到一些声称机器学习可以对随机数据建模的例子。事实上，不存在能完全给随机数据建模的算法。

如果让纸口袋变浅，尽管随机规则变少了，可算法还是在给噪声建模。假设口袋只有两行高，我们希望查询表会生成当前行到所有元胞都是活的一行的对应，但这几乎是不可能。当口袋高于两行时，我们希望规则表中存在一条对应链，最终指向全为活元胞的一行。口袋中行数的增加会让随机产生的可能结果呈指数级增加。

对于只有两行高的口袋，表 9.2 展示了行宽与生成一行全为活元胞的概率对应关系。

表 9.2　行宽与生成全为活元胞的一行的概率对应关系

行宽	可能的排列	生成一行全为活元胞的概率
1	2 种：0, 1	0.5
2	4 种：00, 01, 10, 11	0.25
3	8 种：000, 001, 010, 011, 100, 101, 110, 111	0.125
4	16 种：0000, 0001, …	0.0625
5	32 种：00000, 00001…	0.03125
…	…	…
32	4294967296 种：…	0.0000000002

如果一行有 32 个元胞，那么只有不到四十亿分之一的概率生成全为活元胞的一行。如果口袋更高，这一可能性还会降低。这使得算法的学习变得几乎不可能。

9.5　拓展学习
Over to You

本章学习了几种交叉方式，以及锦标赛法，还学习了 OneMax 问题和初等元胞自动机。我们设计了几种元胞自动机，在最简单的规则下找到了最优的初始元胞排列。你可以自己尝试在给定初始排列的情况下，找出初等元胞自动机的最佳规则。用穷举法当然可行，但是最好采用遗传算法。

机器学习算法也有解决不了的问题。在完全随机的问题上试图提高算法的性能是不可取的。以股票市场为例，有些人认为它就是一个随机数生成器，把它当成噪声数据去建模，结果并没有赚到钱。对于非常复杂的问题，尝试随机启发式搜索可以帮助你更好地理解问题。

虽然本书没有采用任何算法框架，但是在处理实际问题时，你不必总是自己实现算法，完全可以借用现成的框架。如果你想试试别人写好的算法架构，Python 的 Distribured Evolutionary Algorithms（DEAP）库有一个 OneMax 问题的教程[2]。DEAP 库支持并行运算，在多核处理器上可以更快地解决复杂问题。

本章用遗传算法找到了最优的初始元胞排列。到目前为止，我们已经学习了好几种机器学习算法，每一章都用了不同的算法逃出纸口袋。

第 10 章要做一点不一样的事。我们要找到口袋的底部，而不是逃出口袋。首先，我们要学习爬山法，并了解为什么这个算法无法适用于"揉皱"的纸口袋。然后，我们会尝试**模拟退火算法**（simulated annealing），它模拟了加热的金属冷却时金属内晶格的变化。这些优化算法常用于神经网络的训练。

2　http://deap.readthedocs.io/en/master/examples/ga_onemax.html

第 10 章

找到最优解
Optimize! Find the Best

第 9 章用遗传算法找到了元胞自动机的最优初始排列。我们用适用度函数评估结果，成功让口袋外面出现了活元胞。最后一章将一反常态，我们要想办法钻到口袋底部。

假设纸口袋里有一只乌龟，它最喜欢的地方是口袋底部，它会沿着口袋边缘一路爬到袋底。一开始，口袋是二维平面上的倒梯形。然后，我们把口袋"揉皱"，让乌龟学习避免在看似底部的地方卡住，最后到达真正的底部。本章绝大多数例子是二维的，我们也会介绍高维的情况，但是实现它们需要一点额外的数学知识。

人们习惯把往上走的方式称为"爬山"，这也是本章要介绍的第一个算法的名字——**爬山法**（hill climbing）。和爬到山顶不同，我们要让乌龟向下走到口袋底部，我们要找的是最低点、最小值。不过从爬山法的数学定义来说，这两个方向没有本质上的区别。我们的目标是**优化**（optimize）函数方程，让它找到某个取值区间里的最小值。你也能用同样的办法找到最大值。我们将口袋的边缘视为函数曲线。乌龟根据目标选择移动方向。乌龟会尽量沿着口袋边缘移动，直到遇到障碍。在边缘平整的口袋里，乌龟很容易到达底部；但是在边缘有褶皱的口袋里，它很容易卡在某个小凹陷里，从而错过更低的位置。

在解决这个问题的过程中，你会了解局部最小值与全局最小值的区别，学会像优秀工程师一样用锤子敲敲打打。我们会用**模拟退火算法**（simulated annealing）让乌龟跳出局部最小值。在金属处理工艺里，退火是指将金属缓慢加热，再以适宜的速度降温，从而改变金属的物理特性，降低硬度、增强延展性。未退火的金属用锤子敲击很容易开裂破碎。退火处理时，加热让金属原子能量升高、运动变快，冷却使金属原子能量降低、运动变慢，这一过程能让金属获得稳定的晶体结构，增强韧性。模拟退火算法借鉴了退火处理的过程。我们通过改变算法中代表温度的变量，让系统"加热"和"冷却"。我们会不断尝试各种解，包括比较差的解。但是随着系统的"冷却"，选中较差解的可能性会不断降低。想象乌龟就像金属原子一样，可以"跳跃"，仿佛受到了锤子敲击的震动一样。这些小跳跃能让乌龟找到口袋中更低的位置，最终到达它的舒适区。

10.1　移动乌龟
Your Mission: Move Turtles

本章又会用到 Python 的 turtle 绘图包。首先要画一个纸口袋。之前画的纸口袋都是矩形的，这一次，我们要试试别的形状。

画完口袋后，我们把乌龟放在口袋边缘，让它沿着边缘行走。乌龟向左走还是向右走取决于那边能让它到达更往下的位置。当它不能再往下走时，就停下来了。

第 2 章学习决策树时，我们了解到贪心算法可能会在局部最优处卡住，从而错过全局最优解。乌龟若在寻找最低点的过程中采用贪心算法，同样可能在某个地方卡住。

我们还需要定义乌龟行走的步长。如果用常量作为步长，乌龟也有可能卡住。为了避免卡住，乌龟要学会不那么贪心，或者采用可变步长。另一种思路是让乌龟往它觉得低的地方走，但时不时将它传送到口袋边缘的其他位置。这种思路就是之前屡次提到的用随机方式解决问题。如果乌龟卡住了，可以随机地改变步长，或者让它随机跳到其他位置，这样它会有机会探索更多位置，也更有可能找到全局最优解。

随着时间的推移，我们要逐渐缩短乌龟的步长，降低随机跳跃的概率，否则它可能永远停不下来。比如在使用模拟退火算法时，可以逐渐降低温度参数，减少乌龟的跳跃。乌龟可能往下跳，也可能往上跳，这能让它避免卡在局部最小处，而爬山法做不到这一点。逐渐缩短步长则可以让乌龟最终精确地落在最低的位置。

我们会在多个不同的纸口袋中使用模拟退火算法。其中一个口袋有多个离散的最低点。在这样的口袋里，一只乌龟无法同时到达所有最低点。针对这种特殊的口袋，我们会在里面放入多只乌龟，尝试让每个最低点最终都有一只乌龟。

10.2　乌龟怎么走
How to Get a Turtle into a Paper Bag

首先，我们要在几个不同的口袋里尝试使用爬山法。你的乌龟可能会卡在某处。然后，就轮到模拟退火算法了。在这一部分，你会看到如何用温度为系统能量建模，以及如何将乌龟随机移动到其他位置。我们先从爬山法开始。

10.2.1 爬山法
Climb Down a Hill

我们让乌龟从倒梯形口袋左上角的边缘出发。乌龟每次走一步，如果下一步会导致它的位置比现在高，就停止移动。

```python
pos = bag.left()
height = pos.y
while True:
  pos.step()
  if pos.y > height:
    break
  height = pos.y
```

乌龟从左侧开始，一点点向右移动，直至降到最低点。在编写具体代码时，要考虑乌龟的每一步是向左还是向右，以及每一步的步长。图 10.1 展示了乌龟在倒梯形口袋里的轨迹。

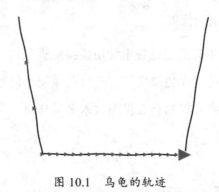

图 10.1　乌龟的轨迹

图 10.1 中口袋的侧边是倾斜的，便于用 x、y 一一对应的函数方程表示。如果口袋是矩形的，那么侧边的 x 坐标将对应无数个 y 坐标，这会给

乌龟的移动增加困难，因为它无法判断自己的高度。乌龟沿着左侧走到袋底，然后继续向右走，最后碰到右侧边缘停下来。它成功了。爬山法对这种只有一个最低点或平底的口袋是有效的，那它对边缘有褶皱的口袋有效吗？我们来看图 10.2。

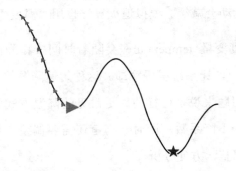

10.2 有褶皱的口袋边缘

这个褶皱的边缘用函数表示为：

$$y = 5 \times \cos(x) - x$$

在图 10.2 中，乌龟走到大三角形处停了下来，这是一个局部最小值。到达这一点后，它无法继续走了，因为左右两边都比这一点高。乌龟不知道的是，在它的右边，还有一个位置更低的点，只要再走远一些就能到达。

还记得第 3 章的大炮向左或向右发射都能将炮弹送出口袋吗？这两个方向是等价的。如果口袋的边缘不是向下倾斜的，例如边缘函数为：

$$y = 5 \times \cos(x)$$

在和图 10.2 同样的区间里，这个函数有两个相等的最小值。我们可以修改算法，用多个乌龟找到这些最小值。接下来，我们看看模拟退火算法。

10.2.2 模拟退火算法
Hit It with a Hammer

模拟退火算法允许乌龟跳跃到其他位置继续行走。刚开始，乌龟会频繁跳跃。随着时间推移，跳跃次数减少。这就像金属退火处理一样，随着温度降低，原子运动会减缓。模拟退火算法也用"温度"控制乌龟的跳跃。

算法中的温度变量 temperature 会随着时间推移降低，比如初始值为 10.0，每次减少 0.1，让系统缓慢冷却。这种匀速降温的方式不常见，但是对我们要处理的问题来说是可行的。更常见的降温方式为几何缩减，即每次将温度乘以一个下降系数。同时，乌龟还需要调整步长。温度和步长这两个变量要分开调整，方便分析。

温度影响乌龟跳到更差位置的概率。如果温度≤0 度，那么乌龟会接受现在的位置，不会跳到别的地方去。如果温度＞0 度，那么乌龟会以一定的概率跳到更差的位置去。新位置比当下位置更差的程度可以用负数表示。然后，我们可以根据这个负数，用指数函数求出乌龟跳跃的概率（见图 10.3）。

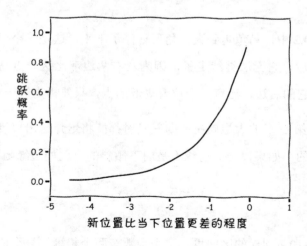

图 10.3 乌龟跳跃到更差位置的概率曲线

为了衡量每个位置的好坏的程度，我们要给位置设置相应能量（energy）。能量的作用和适应度值、损失、代价等概念类似。像以前一样，我们可以用 y 坐标代表能量。能量越高，位置越差。用某个位置的 y 坐标减去一个更差位置的 y 坐标会得到一个负值。

乌龟会根据概率随机选择是否跳到更差的位置。随着时间推移，跳到更差位置的可能性越来越小。乌龟跳到更差位置的概率计算公式为：

$$probability = e^{\left(\frac{energy\,(current) - energy\,(worse)}{temperature}\right)}$$

由于温度 temperature 会随着时间逐渐降低，即使能量差不变，乌龟跳跃的概率也会逐渐降低。举例来说，如果能量差为-1 个单位，温度为 0.5 度，那么跳跃概率为：

$$probability = e^{\left(\frac{-1}{0.5}\right)} = 0.135...$$

也就是说乌龟约有 13.5%的可能性跳跃。如果温度降低到 0.25 度，那么跳跃概率会降到 2%以下：

$$probability = e^{\left(\frac{-1}{0.25}\right)} = 0.018...$$

编写代码时，首先计算跳跃概率，然后在 0 到 1 之间选一个随机数。如果随机数比跳跃概率小，就让乌龟跳到更差的位置。

爬山法也可以加入随机移动，并且逐渐缩短步长，像这样：

```
pos = bag.left()
height = pos.y

while temperature > -5:
  if temperature < 0:
    step /= 2.0
  possible = [left(), right(), something_else()]
  for pos in possible:
    if pos.y < height or jump():
      height = pos.y
  temperature -= 0.1

return height
```

以上就是两个算法的详细介绍，是时候编写代码了。

10.3 寻找口袋底部
Let's Find the Bottom of the Bag

首先创建一个演示类 Demo，在其中定义口袋和乌龟的运动：

`Optimize/demo.py`
```
class Demo:
  def __init__(self, f):
    self.alex = turtle.Turtle()
    self.alex.shape("turtle")
    self.f = f

  def bag(self, points):
    line = turtle.Turtle()
    line.pen(pencolor='brown', pensize=5)
    line.up()
    line.goto(points[0], self.f(points[0]))
    line.down()
    for x in points:
      line.goto(x, self.f(x))
    line.hideturtle()

  def start(self, x):
    self.alex.hideturtle()
    self.alex.up()
```

```
    self.alex.goto(x, self.f(x))
    self.alex.down()
    self.alex.showturtle()
    self.alex.pen(pencolor='black', pensize=10)
    self.alex.speed(1)

  def move(self, x, y, jump=False):
    if jump: self.alex.up()
    self.alex.goto(x, y)
    if jump: self.alex.down()
```

初始化时，Demo 类保存了一个函数 f，用来描述口袋的形状。第 4 行代码让绘图光标呈现乌龟状。有了 Demo 类，就可以创建多个实例表示多个乌龟。我们给乌龟起名为 alex，start 函数告诉它从哪里开始，move 函数告诉它要移动到哪里。乌龟根据 jump 的值选择是否跳跃（倒数第 3 行代码）。爬山法的 jump 值设为 False，模拟退火算法的 jump 值为 True。

10.3.1 用函数表示口袋形状
Represent Paper Bags With Functions

先看图 10.1 中的倒梯形口袋，函数的输入为 x 坐标，输出为 y 坐标：

```
Optimize/into_bag.py
def slanty_bag_curve(x):
  left = 0.5
  width = 9.
  if x < left:
    y = -20.*x+10.
  elif x < width + left:
    y = 0
  else:
    y = 20.*x-190
  return y
```

我们之前用的口袋都是矩形。矩形口袋的侧边上，一个 x 坐标对应无数个 y 坐标，因此无法写出像上面这种函数。其实也有办法让乌龟在矩形口袋的侧边上移动，不过为了方便起见，我们只讨论简单的情形。

图 10.2 中倾斜的余弦曲线可以用 lambda 函数表示：

```
f = lambda x: 5 * math.cos(x) - x
```

要让乌龟向口袋底部移动，我们还需要一个优化器（optimizer）。爬山法和模拟退火算法就是优化器。我们先来看爬山法。

10.3.2 爬山法
Hill Climbing Algorithm

创建 hill_climb.py 文件，在其中加入名为 seek（寻找）的方法：

```
Optimize/hill_climb.py
def seek(x, step, f):
  height = f(x)
  while True:
    if f(x-step) < height:
      x -= step
    elif f(x+step) <= height:
      x += step
    else:
      break
    height = f(x)
    yield x, height
```

seek 有三个变量，分别是起始点 x、固定步长 step、口袋形状函数 f。我们可以将固定步长改为可变步长，看看二者的区别。

根据 x 值，可以求出乌龟的高度 height。如果乌龟向左走后的位置更靠下，就向左走（第 4 行代码）；否则进入第 6 行代码，看看能不能向右走。第 6 行代码用小于等于作为判断，这意味着乌龟可能会在一条水平直线上运动。严格地说，这并不严谨，稍后我们还会讨论这个问题。爬山法这种简单的优化器只会选择第一个最优点，哪怕它是局部的。在更高维的空间里，我们可以用**最速上山/下山法**（steepest ascent/decent hill climbing），在多个方向上选出变化最大的方向。也可以用**随机爬山法**（stochastic hill climbing），随机选择移动位置，让更好的位置被选中的概率更大。这可以用转轮赌选择法实现。不论使用哪种方法，一旦找不到更好的位置，乌龟就会停下来。

下面是演示乌龟在倒梯形口袋里移动的代码：

```
Optimize/into_bag.py
def slanty_bag():
  turtle.setworldcoordinates(-2.2, -2, 12.2, 22)
  demo = Demo(slanty_bag_curve)
  demo.bag([x*0.5 for x in range(-1, 22)])
  x = -0.5
  step = 0.1
  demo.start(x)
  gen = hill_climb.seek(x, step, slanty_bag_curve)
  for x, y in gen:
    demo.move(x, y, False)
```

首先调用 setworldcoordinates 函数设置演示区域的范围。然后创建 Demo 类的实例 demo，用 bag 函数画口袋，用 start 函数设置乌龟的起点。然后用 seek 函数寻找最优位置。hill_climb 函数生成新位置，move 函数根据这些新生成的位置移动乌龟。

10.3.3 模拟退火算法
Simulated Annealing Algorithm

爬山法可以让乌龟在没有褶皱的口袋里爬到底部。如果遇到有褶皱的口袋（比如倾斜的余弦曲线），乌龟就会卡在某个凹陷里。这时，采用模拟退火算法有可能让乌龟到达更低的地方。

创建 sim_anneal.py 文件。在模拟退火算法里，乌龟除了向左或右移动，还会随机跳到其他位置。如果新位置比当前的好，就跳过去；否则，就根据新位置、当前位置、温度计算出跳跃概率。

Optimize/sim_anneal.py

```python
def transitionProbability(old_value, new_value, temperature):
  if temperature <= 0:
    return 0
  return math.exp((old_value - new_value) / temperature)
```

温度≤0度时跳跃概率为 0，意味着乌龟不会跳到更差的位置。跳跃概率＞0 时，如果生成的随机数小于跳跃概率，就跳到更差的新位置。

同样，模拟退火算法也有 seek 函数：

Optimize/sim_anneal.py

```python
def seek(x,
    step,
    f,
    temperature,
    min_x=float('-inf'),
    max_x=float('inf')):
  best_y = f(x)
  best_x = x
  while temperature > -5:
    jump = False
    if temperature < 0: step /= 2.0
    possible = [x - step, x + step, x + random.gauss(0, 1)]
    for new_x in [i for i in possible if min_x < i < max_x]:
      y = f(new_x)
      if y < best_y:
        x = new_x
        best_x = new_x
        best_y = y
      elif transitionProbability(best_y, y, temperature) >
random.random():
        jump = True
        x = new_x
    yield best_x, best_y, temperature, jump
    temperature -= 0.1
```

设定左边界 min_x 和右边界 max_x，防止乌龟爬出演示区域。循环条件是温度＞-5 度，当温度＜0 度时，开始减小步长（第 11 行代码）。这样做可以让乌龟更精确地落在最低点。爬山法也可以做类似的操作。

上面代码的循环条件是温度＞-5 度。我们也可以像爬山法一样，将循环停止条件改为乌龟停止移动。乌龟下一刻的位置 possible 可能为左边的点、右边的点，或者由标准正态分布生成的随机位置。标准正态分布有可能产生很大的值，但是可能性很小。在一些更困难的问题中，随机跳跃的大小可以设为和温度有关。Harold Szu 和 Ralph Hartley 在 1984 年表的论文《Fast Simulated Annealing》中讨论了偶尔使用大跳跃的情况[1]。

下面是模拟退火算法的演示代码：

```
Optimize/into_bag.py
def sa_demo(curr_x,
      step,
      f,
      temperature,
      x_points,
      min_x, max_x,
      *setup):
  turtle.setworldcoordinates(*setup)
  demo = Demo(f)
  demo.start(curr_x)
  demo.bag(x_points)
  gen = sim_anneal.seek(curr_x, step, f, temperature, min_x, max_x)
  for x, y, t, j in gen:
    demo.move(x, y, j)
    curr_x = x
  print(curr_x, f(curr_x))
```

参数 setup 控制演示区域的大小，seek 函数作为生成器不断产生让乌龟探索的位置。在生成器产生的数据中，x、y 为坐标，j 代表乌龟是否跳跃。跳跃时，乌龟不会在两点之间画出连线。我们可以借助温度 t 控制乌龟轨迹的颜色，看看系统的冷却过程。你还可以将乌龟走过的位置打印在屏幕上。

有了 sa_demo 函数，我们可以看看乌龟能不能在倾斜的余弦曲线上找到最低点。

---

[1] https://www.researchgate.net/publication/234014515_Fast_simulated_annealing

```
Optimize/into_bag.py
def sa_cosine_slope(bounded):
    f = lambda x: -x+5*math.cos(x)
    x_points = [x*0.1 for x in range(-62, 62)]
    min_x, max_x = bounds(bounded, x_points)
    temperature = 12
    step = 0.2
    sa_demo(x_points[0], step, f, temperature,
            x_points,
            min_x, max_x,
            -6.2, -12, 6.2, 12)
```

如果不限制乌龟的探索范围，它可能会走到演示区域外面，我们可以用区间 bounds 限制乌龟的移动范围：

```
Optimize/into_bag.py
def bounds(bounded, x_points):
    if bounded:
        return x_points[0], x_points[-1]
    return float('-inf'), float('inf')
```

运行代码时，可以尝试不同的出发点、步长、温度。除了倾斜的余弦曲线，你还可以试试其他曲线，例如标准余弦曲线：

```
f = lambda x: 10 * math.cos(x)
```

我们将余弦曲线的值放大了 10 倍，以便看得更清楚。

一只乌龟只能找到一个"最优点"。你可以试试将两只乌龟放在不同的出发点，看看结果如何。

10.4 算法有效吗
Did It Work?

无论用哪种算法，乌龟都能钻进口袋。模拟退火算法如果不设限制，那么乌龟可能会爬出可视范围。

10.4.1 爬山法
Hill Climbing

在倒梯形的口袋中，我们将乌龟步长设置为 0.1，乌龟最终到达了口袋底部（见图 10.4）。

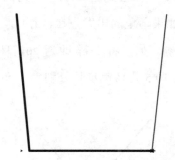

图 10.4 乌龟用爬山法到达口袋底部

乌龟最终停在了口袋的右下角。如果加大步长，比如说以口袋底边的长度作为步长，那么乌龟很快就会卡住。采用下面的曲线函数，更容易看清这一问题。

```
f = lambda x: math.fabs(x)
```

这是一个 V 型曲线，最低点是 (0,0)，你觉得乌龟能到达最低点吗？

我们来看演示代码：

```
Optimize/into_bag.py
def stuck():
  turtle.setworldcoordinates(-12, -1, 12, 15)
  f = lambda x: math.fabs(x)
  demo = Demo(f)
  start = -10
  step = 3
  demo.start(start)
  demo.bag(range(-10, 11))
  gen = hill_climb.seek(start, step, f)
  for x, y in gen:
    demo.move(x, y, False)
```

乌龟的出发点为(-10,10)。如果将第 6 行的步长 step 改为 10，那么只需要一步，乌龟就能到达最低点。如果将 step 改为 3，乌龟仍然会向右走，但是会在到达最低点前停下来。它一路经过的位置为(-10,10)，(-7,7)，(-4,4)，(-1,1)。再往右走一步会到达(2,2)，变为向上走了，所以乌龟会在(-1,1)处停下。此时，如果乌龟的出发点在(-9,9)，就可以到达最低点了。可见算法受出发点的影响。如果将 step 改为 20，乌龟会直接从(-10,10)移动到(10,10)停下来。图 10.5 是乌龟步长分别为 3、10、20 时的运动轨迹。

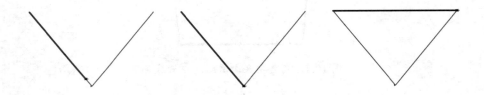

图 10.5 乌龟在几种不同步长下的运动轨迹

步长会影响乌龟停下的位置。如果向左走更好（新位置高度严格小于当前位置），乌龟就向左走；如果向右至少和当前一样好（新位置高度小于等于当前位置），乌龟会向右一直走，哪怕是一条水平线。如果向左和向右都用小于等于做判断，那么乌龟会在水平线上来回爬行，停不下来，算法就不会**收敛**（converge）。有时为了让乌龟停下来，我们会设置最大循环次数。当然，就算乌龟停下来也不代表算法收敛了。

V 型曲线只有一个最低点。而倾斜的余弦曲线在演示范围内有两个凹陷，右边的一个位置更低。采用爬山法时，如果乌龟步长较小，那么它只能找到左边的凹陷，错过更低的那个（见图 10.6）。

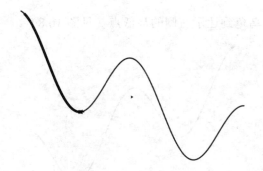

图 10.6 乌龟停在局部最小处

通过改变步长，我们可以在 V 型曲线上获得更好的结果。而在倾斜的余弦曲线上，乌龟几乎总是会停在第一个凹陷处。所以我们要引入模拟退火算法。

10.4.2 模拟退火算法
Simulated Annealing

借助模拟退火算法，乌龟可以到达倒梯形口袋的底部（见图 10.7）。

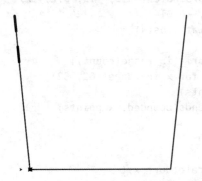

图 10.7 乌龟用模拟退火算法到达口袋底部

图中乌龟的轨迹不连续，因为它在移动中发生了跳跃。每次运行，跳跃的位置都有差异，但是乌龟总能到达底部。跳跃有助于乌龟找到最低点。运行代码时，要确保用 bound 限制乌龟的移动范围。我们可以看到，对于倾斜的余弦曲线，乌龟到达了右侧的最低点（见图 10.8）。

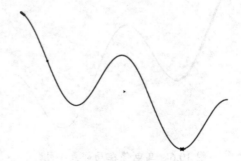

图 10.8 乌龟避开了局部最小值

同样，因为有跳跃，所以乌龟的运动轨迹不是连续的。在边缘有褶皱的口袋里，模拟退火算法比爬山法有更好的表现。

对标准余弦曲线来说，一只乌龟只能停在一个最低点。下面的代码用了 3 只乌龟。

```
Optimize/into_bag.py
def sa_cosine_turtles(bounded):
  turtle.setworldcoordinates(-6.2, -12, 6.2, 12)
  curr_x = [-6.0, 0, +6.0]
  f = lambda x: 10*math.cos(x)
  count = 3
  demo = [Demo(f) for _ in range(count)]
  x_points = [x*0.1 for x in range(-62, 62)]
  demo[0].bag(x_points)
  min_x, max_x = bounds(bounded, x_points)
  gens = []
  temperature = 10.0
  step = 0.2
  for i, x in enumerate(curr_x):
    demo[i].start(curr_x[i])
    gens.append(sim_anneal.seek(x, step, f, temperature, min_x, max_x))
  for (x1, y1, t1, j1), (x2, y2, t2, j2), (x3, y3, t3, j3) in zip(*gens):
    demo[0].move(x1, y1, j1)
    demo[1].move(x2, y2, j2)
    demo[2].move(x3, y3, j3)
```

如果它们分别从左、中、右三个位置出发，那么基本上最后每个凹陷处至少有一只乌龟（见图 10.9）。

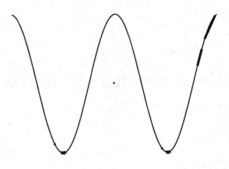

图 10.9　三只乌龟落入两个最低点

事实上，就算用 random.choice(x_points) 随机挑选出发点，算法也能见效。只要步长合适，并且限制乌龟的移动范围，它们就能到达最低点。

10.5　更高维度的情况
Extension to More Dimensions

上面的几个口袋都是二维的。由于乌龟在由 y=f(x) 定义的口袋边缘爬行，寻找最低点其实是一维优化问题。我们可以将爬山法拓展到三维空间，甚至更高维空间，解决高维优化问题。在更高维的空间里，乌龟的移动方向不止左右两个方向。**梯度下降法**（gradient descent）是另一种常用的高维空间优化方法。爬山法沿着坐标轴进行，而梯度下降法根据曲线的梯度，沿着曲线或曲面最陡的切线进行。

使用爬山法和梯度下降法时，我们要同时考虑两个方向上的值 f(x-step) 和 f(x+step)。通过比较这两个值和当前值 f(x)，可以用以下公式估算梯度：

$$\frac{f(x-step)-f(x)}{-step}$$

$$\frac{f(x)-f(x+step)}{step}$$

负梯度值代表下降，正梯度值代表上升，梯度的绝对值决定了陡峭程度。以下面的二次曲线为例：

```
f = lambda x: x**2
```

将乌龟放在(-2,4)，如果它的步长为3，那么我们可以算出它在这一点的近似梯度（见图 10.10）。

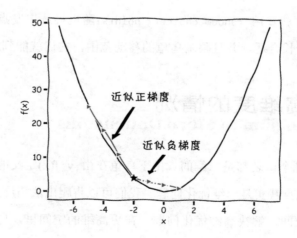

图 10.10　乌龟运动的梯度

步长越小，估算的梯度值就越接近真实梯度值，也就是函数的微分。有了梯度，乌龟就可以更快地爬到口袋底部。在三维口袋中也是同理。

对多维空间的口袋，口袋边界函数为：

$$f(\overline{x}) = f(x_1, x_2, ..., x_n)$$

它的梯度记作 ∇f，是由各个方向的偏微分构成的向量：

$$\nabla f = \left(\frac{\partial f}{\partial x_1}, \frac{\partial f}{\partial x_2}, ..., \frac{\partial f}{\partial x_n} \right)$$

用估算或数学定义找到梯度下降最大的方向，然后向那个方向移动。在二维空间里，这一方向可能是两个坐标方向的线性组合。在机器学习中，步长常被称为**学习率**（learning rate），用希腊字母 γ 表示。我们从当前点：

$$\overline{p} = (p_1, p_2, ..., p_n)$$

移动到下一个位置：

$$\overline{p_{n+1}} = \overline{p_n} - \gamma \nabla f(\overline{p_n})$$

这让我们朝着最低点的方向移动了一步。重复这一操作，直到无法再优化，或者乌龟开始走锯齿形路线。无论算法多么复杂，它们的核心思想和乌龟爬向口袋底部并无二致。在复杂算法中，同样要找到合适的学习率，让算法更有效。

想象一个三维的锥形筒，将高度相同的点用线连接起来，从上向下看，你会看到很多同心圆（见图 10.11）。

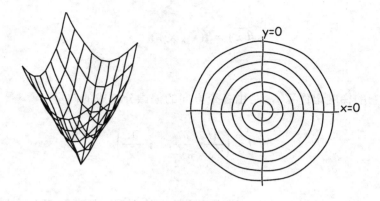

图 10.11 锥形筒

图 10.12 中，使用爬山法的乌龟只能沿坐标轴向下走，运动轨迹为图中的实线；使用梯度下降法的乌龟可以径直爬向最低点，运动轨迹为图中的虚线。

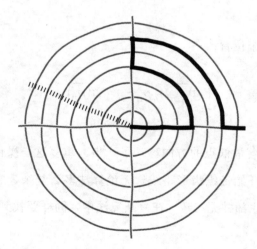

图 10.12 采用不同优化方法的乌龟轨迹

10.6 拓展学习
Over to You

本章首先采用了爬山法，只要下一个位置不比现在差，乌龟就会继续爬行。在步长和出发点合适、口袋边缘没有褶皱的情况下，乌龟最终能到达口袋底部。然后我们又使用了模拟退火算法，让乌龟的运动多了一些随机性。这两个算法有相似之处，它们都要考虑向左走还是向右走。模拟退火算法还会让乌龟随机跳跃到另一个位置。随机性又一次帮我们解决了问题。随着系统逐渐冷却，乌龟的随机跳跃也会减少。

除了示例代码中的冷却方法，你还可以试试其他冷却策略。另一种常用的冷却策略是每次将温度乘以一个 0.8 到 0.99 之间的系数。这种降温方式对复杂问题的影响很大，但是对本章这几个简单问题影响并不大。除此之外，你还可以将温度和步长综合考虑，构建**自适应模拟退火算法**（adaptive simulated annealing）。本章使用的模拟退火算法在温度低于 0 度时会逐步缩小步长，当温度小于或等于 0 度时就停止跳跃。你还可以加大初始跳跃幅度，然后让幅度随着温度降低逐步减小。

使用三只乌龟的例子实际上用到了**小生境方法**（niching method）。我们可以在遗传算法或粒子群算法中用这个方法建立多个种群，得到多个最优解。小生境方法有多个变种，其中一些可以在种群之间**共享适应度**（fitness sharing）[2]。在我们的例子中，种群只有一个，但是在选择过程中允许出现多个最优解。

很多机器学习算法，例如神经网络，都会用梯度下降法优化模型。**随机梯度下降法**（Stochastic gradient descent，SGD），经常被用来优化分类任务，即找到曲线将数据点按类别划分开。第 2 章介绍的决策树就是一种分

---

[2] https://stackoverflow.com/questions/37836751/what-s-the-meaning-of-fitness-sharing-and-niche-count-in-ga

类器。SGD 将训练数据打乱，不断地移动点间线，直到找到最佳边界。优化算法在机器学习中被大量使用，你可以试一试本书没有讲到的优化算法。

我们学习了用各种机器学习算法让乌龟逃出纸口袋的方法，但这些仅仅是机器学习很小的一部分。有些算法需要专业的数学知识才能掌握，你可以先通过别人写好的框架使用这些算法。数值计算是一门困难的学科。不过，你应该已经掌握了大多数算法的运行模式。从一个随机的初始值开始，迭代调整变量，直至达到目标。在目标完成后，我们还要测试算法，并用不同的参数做实验，看看会发生什么。接下来，就靠你自己了！

参考文献
Bibliography

[DS04]   Marco Dorigo and Thomas Stützle. *Ant Colony Optimization*. MIT
          Press, Cambridge, MA, 2004.

[Hul06]   John C. Hull. *Options, Futures and Other Derivatives*. Prentice Hall,
          Englewood Cliffs, NJ, 2006.

[MP69]   Marvin Minsky and Seymour Papert. *Perceptrons: an introduction to
          compu- tational geometry*. MIT Press, Cambridge, MA, 1969.

[Pet08]   Charles Petzold. *The Annotated Turing: A Guided Tour through Alan
          Turing's Historic Paper on Computability and the Turing Machine*.
          John Wiley & Sons, New York, NY, 2008.

[Tor15]   Adam Tornhill. *Your Code as a Crime Scene*. The Pragmatic
          Bookshelf, Raleigh, NC, 2015.